KB267720

교토에서 뭐 먹을까?

교토에서 꼭 먹어봐야 할 300개 맛집 리스트

samho MEDIA

CONTENTS

📍 **맛집 위치를 구글 마이 맵에서 확인!**

▶ 이 책에 실린 모든 맛집이 표시되어 있습니다.

▶ 현재 위치에서 가까운 맛집을 찾을 수 있습니다.

▶ 가고 싶은 맛집까지 가는 법을 손쉽게 검색할 수 있습니다.

QR 코드를 인식하세요.

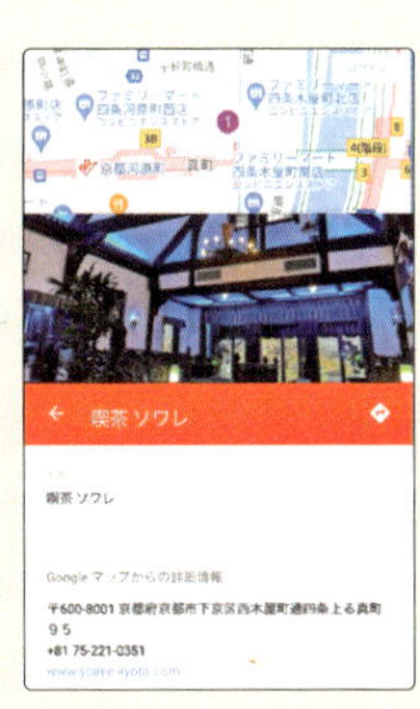

※가게 이름에 표시된 아이콘은 이 책에 기재된 가게의 일련번호입니다.

※구글 마이 맵을 여는 방법, 보는 법은 단말기 기종에 따라 다릅니다.

※QR 코드는 주식회사 덴소 웨이브의 등록상표입니다.

이 책의 사용법

- 이 책은 엄선된 교토 맛집을 신상, 아침, 점심, 저녁, 간식 등 다양한 테마로 나누어 소개합니다. 목차를 참고하여 원하는 맛집 정보를 바로 찾아보세요.

- 본문에 기재된 가격은 모두 세금 포함 가격입니다. (봉사료는 별도로 발생할 수 있음)

- 정기 휴무일은 골든 위크(4월 말에서 5월 초에 걸친 일본의 황금연휴), 오봉(양력 8월 15일), 연말연시를 제외하고 표시했습니다. 자세한 사항은 각 가게에 문의해 주세요.

❶ 가게 이름
소개하는 음식을 먹을 수 있는 가게를 표기

❷ 가게 정보
위에서부터 지역 이름, 전화번호, 예약 가능 여부, 좌석 수, 주소, 영업시간, 정기 휴무일, 가는 법 순으로 기재

❸ 가게 기호

CARD 카드 사용 가능

개별실 있음
※빈방은 문의할 것

금연석 있음
※흡연 구역이 따로 있을 수 있음

안뜰이 보이는 곳, 강변, 높은 곳에서 한눈에 경치를 즐길 수 있는 곳 등 풍경이 특징인 가게

장애인 편의 시설

마치야(주로 1층은 상업 공간, 2층 이상은 주거 공간으로 사용하는 일본의 전통 가옥)

※ 이 책에 실린 정보는 2024년 8월 기준입니다.
　가게 정보, 메뉴, 상품은 변동이 있을 수 있으므로 사전에 확인하시길 바랍니다.

※ 정상 영업 시간을 기준으로 정보를 작성했습니다.
　다만 가게의 상황에 따라 차이가 있을 수 있습니다.

※ 이 책에 실린 내용에 따른 손해 등은 출판사에서 보상하지 않으므로 미리 양해를 구합니다.

미식에 정통한 교토 토박이들의 맛집

- 개그맨 콤비 '사바나'의 **다카하시 시게오**

- 다이조인 부주지 **교토 관광 대사 마쓰야마 다이코**

- 인스타그램 인플루언서 **유튜버 네네모모~교토 미식가 OL~**

료칸 레스토랑의 맛을 즐기다

유즈야 료칸 잇신쿄

매달 구성이 바뀌는 오반자이에 교토만의 매력을 담다.
다이 유즈 나베젠鯛柚子鍋膳 7,700엔.

다카하시 시게오가 추천하는 맛집 3

PROFILE

1976년, 교토시 출신. 개그맨 콤비 '사바나'의 멤버. TV아사히 '왁자지껄! 금요일' 등 다양한 프로그램에 출연하는 한편, 취미인 사우나와 장기 등을 주제로 유튜브 채널을 운영하고 있다. 저서로는 《엄청난 장기의 세계》 등이 있다.

야사카 신사 옆에 있는 료칸에서 운영하는 레스토랑. 투숙객이 아니어도 이용할 수 있다. 폭포가 흐르는 작은 정원은 번잡한 기온 거리를 잊게 한다.

료칸의 이름이기도 한 '유즈(유자)'로 만든 요리가 유명하다. 점심에는 신선한 도미 샤부샤부와 죽, 16가지 일본식 가정요리 오반자이로 구성된 도미 유자 냄비 요리, 다이 유즈 나베젠이 인기다. 먼저, 교토 두부와 유자 육수를 음미한 뒤 살이 꽉 찬 도미를 경수채, 미부나(교토 미부시에서 나는 순무), 구조네기(구조 지역에서 나는 실파) 등 교토 채소와 함께 샤부샤부로 맛본다. 마지막에 먹는

상큼한 유자향이 입맛과 마음을 사로잡는 죽

1. 황유자(5~9월은 청유자)가 존재감을 뽐내는 유자죽. **2.** 도미살이 약간 익어서 흰빛을 띠면 먹을 타이밍. **3.** 고풍스러운 내부. **4.** 료칸에서 숙박하고 상쾌한 기온의 아침을 맞이하는 것도 매력적이다.

육수에 끓인 죽도 일품. 칼집을 낸 유자에서 은은하게 배어난 과즙이 풍미 가득한 육수에 경쾌한 포인트를 더한다. 동물복지 달걀의 노른자가 선사하는 깊은 맛과 유자의 산뜻한 뒷맛이 어우러져 자신도 모르게 계속 손이 간다.

저녁에는 유자를 메인으로 한 가이세키會席料理 요리를 즐길 수 있다. 제철이 시작될 무렵 맛보는 '하시리', 제철 음식으로 즐기는 '슌', 제철이 지난 재료를 음미하는 '나고리'로 구성된 일본 요리의 진수를 만끽해 보자.

유즈야 료칸 잇신쿄

☎ 075-533-6374 <예약 가능>
🪑 60석

- 545 Gionmachi Minamigawa, Higashiyama Ward, Kyoto
- 11:30~15:00(L.O. 14:00), 17:00~21:00(L.O. 19:00)
- 연중무휴
- 시내버스 기온 정류장에서 바로

토박이의 선택

히가시야마구의 음식점 시설 '돈구리 회관'에 위치한 교자 가게 안쪽에 예약제로만 운영되는 전세 목욕탕인 '교자탕ぎょうざ湯'이 있다. 핀란드식 사우나인 '셀프 로우류'와 가모가와 지하수를 사용한 냉탕을 즐긴 후, 안뜰에서 외기욕으로 심신을 정돈한 뒤 교자와 병맥주를 맛보며 휴식을 취해보자. 고기의 감칠맛을 가득 품은 한 입 크기의 교자는 맥주, 밥 어디에든 잘 어울린다.

에비스가와 교자 나카지마 돈구리점

☎ 075-533-4126 <예약 가능>
🪑 30석
• 206-1, Rokukencho, Higashiyama Ward, Kyoto
• 11:30~14:00, 17:00~23:00
• 연중무휴
• 게이한 기온시조역 1번 출구 앞

1.

에비스가와 교자 나카지마 돈구리점

夷川ぎょうざなかじま 団栗店

2.

3.

사우나 마니아를 사로잡는 꿈의 공간

이 집도 처음에는 방송 때문에 방문한 곳입니다. 그런데 마음에 쏙 들어서 다음날 집에 돌아가기 전에 다시 예약을 잡았을 정도에요. 사우나는 예약이 꽉 찰 때가 많으니 방문 예정이라면 예약하기를 추천합니다!

1. 키홀더(980엔) 등 마니아들의 마음을 자극하는 굿즈도 판매. **2.** No.1은 마늘 향이 진한 교자 딥ぎょうざディープ 5개 400엔~. **3.** 목욕탕은 예약제로만 운영.

덴푸라 마쓰

天ぷら松

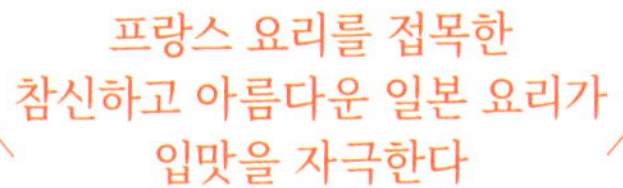

프랑스 요리를 접목한
참신하고 아름다운 일본 요리가
입맛을 자극한다

1. 바로 앞에서 굽기 때문에 직접 구워 먹는 기분으로 즐길 수 있다.
2. 가쓰라가와강, 아타고산, 오구라산을 조망할 수 있는 조용하고 아늑한 분위기의 식당 내부. 3. 코스 요리는 구성에 따라 14,300엔, 22,000엔, 29,700엔 세 가지가 있다. 사진은 29,700엔 코스 요리 중 세 가지. 맨 아래에서부터 노른자 식초 소스와 트러플을 곁들인 옥돔 튀김, 단바콩(단바 지역에서 나는 알이 크고 당도가 높은 콩)을 갈아 만든 콩즙과 토마토, 은어 밥.

덴푸라 전문점으로 창업. 선대 주인 마쓰노 슌이치의 왕성한 탐구심으로 다양한 일본 요리를 선보이는 식당이 됐다. 2대 주인 마쓰노 도시오는 프랑스 요리계의 거장 알랭 뒤카스 밑에서 프랑스 요리를 배웠으며 그 정수를 일본 요리와 접목해 코스 요리를 선보인다. 수집가였던 마쓰노 슌이치는 도예가 가와이 간지로와 일본 최고의 미식가로 알려진 기타오지 로산진의 그릇을 활용하여, 섬세하면서도 대담하게 요리를 완성한다. 일본 요리의 무한한 가능성, 튀김의 잠재력을 음미할 수 있는 명품 요리에 몸과 마음이 충만해진다.

마츠오타이샤

덴푸라 마쓰

☎ 075-881-9190 <예약 가능>
25석
• 21-26 Umezu Onawabacho, Ukyo Ward, Kyoto
• 12:00~입장 마감 시간 13:00, 18:00~입장 마감 시간 19:30
• 수요일 휴무, 부정기 휴무
• 시내버스 마쓰오바시 정류장에서 도보 4분

토박이의 선택

솟콘 후지모토

即今 藤本

다이조인 부주지 / 교토 관광 대사

마쓰야마 다이코가 추천하는 맛집 3

PROFILE
1978년, 교토시 출신. 도쿄대학교 대학원을 졸업한 후, 사이타마현 니자시의 헤이린지平林寺에서 수행했다. 2007년부터 교토 다이조인 退蔵院의 부주지를 맡고 있다. 일본 문화의 소개와 교류에 이바지한 공로로 관광청 'VISIT JAPAN 대사', 교토시 '교토 관광 대사' 등을 역임했다. 저서로는 《마음을 비추는 교토, 정원을 따라가며 마음을 비우다(PHP)》 등이 있다.

2024년에 현재 위치로 이전했다. 요리 전문점 '사쿠라다 桜田', 호텔 오쿠라의 '이리후네入舟', '아와타산소粟田山荘' 등 유명 식당에서 실력을 갈고닦은 오너 셰프 후지모토 히로카즈가 사계절의 정취를 섬세하게 담은 일본 요리로 손님을 맞이한다.

전국 각지에서 엄선한 제철 재료에 정성을 담아 사계절의 변화를 그릇에 표현한 일본 요리는 마치 아름다운 예술품 같다. 그중에서도 놀라울 정도로 두툼한 붕장어에 비장탄 향을 그윽하게 입히고 걸쭉한 폰즈소스로 맛을 낸

점심 코스(15,000엔~), 어느 여름날ある夏の日. 겉만 살짝 익힌 붕장어 아부리, 상어 지느러미 국, 유리잔에 담은 레드와인 젤리에 제철 무화과, 샤인머스캣을 올린 디저트.

1.

2.

1. 창 너머로 작은 정원이 보이는 식당 내부는 우아한 분위기가 느껴지는 다실을 연상케 한다. 2. 도코노마를 장식한 계절 꽃이 사계의 흐름을 전한다.

실력파 오너 셰프가 선보이는 일본 코스 요리를 마음껏 음미하다

붕장어 아부리アナゴの炙り는 이곳의 대표 메뉴. 씹을수록 깊어지는 감칠맛에 무심코 미소가 흘러나온다.

금, 토, 일요일 한정으로 운영되는 런치 코스는 열두 가지 요리로 된 알찬 구성이다. 고급 일식집이지만 합리적인 가격으로 맛볼 수 있는 점이 매력. 디너 코스에는 양질의 재료를 아낌없이 사용한 고급스러운 요리를 선보인다. 사케나 와인을 곁들여 특별한 저녁을 만들어 보자.

고쇼미나미

솟콘 후지모토

☎ 050-5494-4960 <완전예약제> 🪑 13석
- 580-1 Matsumotocho, Nakagyo-ward, Kyoto
- 18:00~21:00 ※금·토·일요일은 런치 메뉴 운영 12:00~14:30 / 수요일 휴무
- 지하철 교토시야쿠쇼마에역 3번 출구에서 도보 10분

스파이스 게이트

SPICE GATE

인기 비리야니(인도식 볶음밥) 식당 'INDIA GATE'의 자매점. 7시 30분부터 먹을 수 있는 아침 카레는 일본식 아침 식사가 떠오르는 담백한 맛이 특징이다. 상큼한 향신료 향에 깊은 맛이 우러난 해산물 육수가 어우러져 몸속 깊은 곳부터 산뜻하게 깨워준다. 인디카 품종인 바스마티 라이스를 유서 깊은 차 전문점 '기타가와한베에北川半兵衛'의 센차로 지어, 밥에서 독특한 향이 진하게 살아난다.

1. 아침부터 판매하는 '커리 리프의 향이 담긴 해산물 육수 카레カレーリーフ香る魚介出汁カレー' 1,280엔.
2. 런치 메뉴 '교토 게이호쿠산 사슴다리 카쓰 카레京都京北産の鹿モモカツカレー(1,980엔)는 하루에 열 개만 판매하는 인기 메뉴다.
3. 알록달록한 향신료 병들이 벽 하나를 가득 채운 가게 내부.

시조가와라마치

스파이스 게이트

☎ 075-741-7554 <온라인 예약만 가능>

🪑 21석

- Kyoto, Shimogyo-ward, Ebisunocho 546, Teramachi Shikisai Building 2F
- 07:30~11:00, 11:30~21:00 / 부정기 휴무
- 한큐 교토가와라마치역 후지이다이마루 출구에서 도보 5분

마츠노야 松乃家

이마데가와 **마츠노야**

☎ 075-451-3062 <예약 불가>
👥 28석
• Kyoto, Kamigyo Ward,
  Uratsukijicho, 96
• 11:00~L.O. 15:30,
  17:00~L.O. 21:00
• 일요일 휴무, 공휴일 비정기 휴무
• 지하철 이마데가와역 2번
  출구에서 도보 2분

1937년에 개업한 동네 식당. 근처에 있는 도시샤대학의 학생들도 많이 방문하는 가게인 만큼 푸짐한 양을 자랑하는 면 요리와 덮밥 메뉴가 다양하다.

인기 메뉴인 가쓰동은 갓 튀긴 돈가스에 양파를 넣은 달걀옷을 입힌 것이 특징. 바삭한 식감이 살아 있는 튀김옷이 맛을 더한다.

직접 뽑은 우동 면으로 만든 쓰케멘도 유명하다. 쫄깃한 면발에 국물이 잘 어우러져 맛이 일품이다.

바삭바삭한 튀김옷이 맛있는 가쓰동

1. 돈가스가 그릇 밖으로 삐져나올 정도로 푸짐한 가쓰동カツ丼 930엔.
2. 아부라카스(소의 대장을 튀긴 것)와 돼지고기가 어우러진 쓰케멘つけ麺 1,020엔. 가다랑어 육수에 찍어 즐겨보자.
3. 우동, 소바, 덮밥 등 다양한 메뉴로 현지인들 사이에서도 소문난 인기 맛집.

네네모모〜교토 미식가 이〜가 추천하는 맛집 3

PROFILE
교토에서 나고 자란 인스타그램 인플루언서. 회사원으로 일하면서 교토 맛집을 업로드하고 있다. 감성 넘치는 카페부터 빈티지한 선술집까지, 장르를 불문한 다양한 게시물로 인기를 얻고 있다.

니시노토인도리 거리의 골목 안쪽에 고즈넉하게 자리 잡은 튀김 전문점. 교토 기온의 정통 일본 요릿집에서 경험을 쌓은 오너 셰프가 정성스럽게 준비한 튀김과 가쓰 메뉴를 전통 가옥을 리모델링한 아지트 같은 공간에서 즐길 수 있다.

가장 인기가 많은 메뉴는 교토 북부 마이즈루의 신선한 전갱이로 속은 촉촉하게, 겉은 바삭하게 튀겨 낸 '극상 레어 전갱이 튀김, 기와미 레아 아지 후라이'. 적당한 레어 상태인 전갱이의 풍미와 바삭하고 고소한 튀김옷의 식감이 입맛을 돋운다.

이곳에서만 맛볼 수 있는, 오너 셰프의 숙련된 손맛이 빚어낸 촉촉한 식감

극상 레어 전갱이 튀김極み レアアジフライ 단품 2,200엔. 산초 소금(산초가루와 소금을 섞은 향신료)이나 수제 우스터 소스를 찍어 먹어 보자.

1. 육즙 가득한 교탄바 고원 포크 안심가스 정식京丹波高原ポークヘレカツ定食 3,000엔. **2.** 1층은 카운터석. 2층에는 테이블석도 있다. **3.** 골목 안쪽에 있다. 니시노토인도리 거리에서 보이는 간판을 따라가면 된다.

튀김과 가쓰는 모두 튀김 전용으로 만든 저당 빵가루를 사용하고 독자적으로 배합한 기름으로 튀긴다. 갓 튀긴 연분홍빛 단면이 눈을 사로잡고 잔열에 천천히 익힌 재료의 맛도 좋다. 단품이나 정식뿐 아니라 튀김을 메인으로 사계절이 담긴 창작 일식을 즐길 수 있는 코스도 있다. 만석인 경우가 많으므로 전화나 SNS로 예약하는 편이 좋다.

가라스마 **미쿠리쿠와**

☎ 080-4984-0390 <예약 가능> 16석
- Kyoto, Nakagyo Ward, Ikesucho, 419-6 골목길 안쪽
- 18:00~22:00(L.O. 21:30)
  ※목~일요일, 공휴일은 점심 영업함.
- 11:30~14:00(L.O. 13:00)
  월요일, 셋째 주 일요일 휴일
  ※일요일은 점심만 영업
- 한큐 가라스마역, 지하철 시조역 26번 출구에서 도보 10분

한큐 교토 가와라마치역 근처 복합 시설 안에 있는 캐주얼한 레스토랑. 제철 과일 등으로 풍성하게 꾸민 화려한 애프터눈 티를 즐길 수 있으며 교토산 채소와 식재료를 정성껏 담아낸 런치와 디너도 유명하다.

에루탄 레스토랑/바

☎ 075-352-3714 <예약 가능>
🪑 102석
※애프터눈 티는 완전 예약제
• Kyoto, Shimogyo Ward, Inaricho,
  2-318-6 GOOD NATURE STATION 1F
• 구글맵에 ERUTAN RESTAURANT 검색
• 07:00~10:00, 11:30~17:00, 17:30~22:00
※'바'만 23:00까지 영업
  휴무는 복합 시설 운영에 따름
• 한큐 교토가와라마치역 5번 출구에서 도보 2분

에루탄 레스토랑/바
ERUTAN RESTAURANT/BAR

일상에서 벗어나 즐기는 특별한 티타임

1. 애프터눈 티는 카페 운영 시간(14:30~마지막 입장 16:30)에만 제공. 사진은 가을 애프터눈 티. 2. 외국 영화 속 한 장면처럼 일상에서 벗어난 분위기를 자아낸다. 3. 이탈리아산 슬라이서로 얇게 썬 생햄. 4. 총 8석 있는 바 카운터도 분위기 만점.

코코 교토 본점

COCO KYOTO 本店

1.

2. 3.

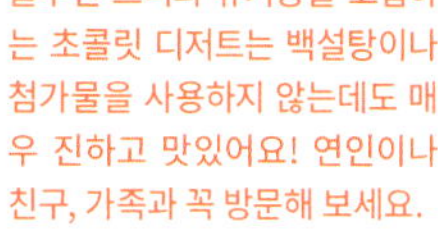

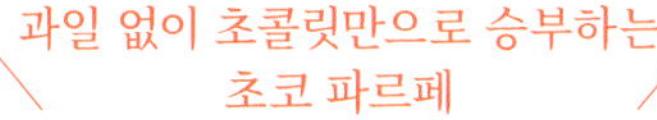
과일 없이 초콜릿만으로 승부하는 초코 파르페

1. 기후현의 쇼야(과거 일본의 촌장이자 지방 행정 책임자)가 사용하던 건물을 옮겨 지은 가게. **2.** 초코 롤케이크 조각 チョコロールケーキカット 500엔. **3.** 본점 한정 초콜릿 파르페 チョコレートパフェ 1,880엔. 별도로 나오는 초콜릿 소스를 얹으면 카카오 풍미를 더욱 진하게 느낄 수 있다.

빈투바 초콜릿, 저온 가공 초콜릿 전문점. 본점에는 오픈 키친이 있어 카카오 향으로 둘러싸인 공간에서 맛있는 초콜릿 디저트를 맛볼 수 있다.
반드시 주문해야 할 메뉴는 본점 한정 초콜릿 파르페. 고급 젤리와 테린느, 아이스크림 등 다양한 구성으로 초코와 카카오를 즐길 수 있는 점이 매력. 끝맛이 놀랍도록 깔끔해서 부담스럽게 느껴지던 초코 파르페에 대한 인식이 완전히 달라질 것이다.

니시오지오이케 코코 교토 본점

☎ 075-874-4870 <예약 가능>

🪑 12석

- 15-3 Nishinokyo Sanjobocho, Nakagyo Ward, Kyoto
- 10:30~18:30(L.O. 18:00)
- 화요일 휴무
- 지하철 니시오지오이케역 3번 출구에서 도보 3분

맛집 고르는 팁

교토 미식에 정통한 토박이들이 맛집을 고르는 포인트와 교토 맛집을 더욱 풍성하게 즐길 수 있는 노하우를 소개한다.

3 QUESTION :

Q1 맛집 고르는 포인트는?
Q2 교토 맛집을 즐기는 노하우는?
Q3 독자에게 보내는 메시지

 개그맨 콤비 '사바나' 다카하시 시게오

Q1

교토 출신인 저도 아직 모르는 가게가 많은데, 오랜만에 본가에 갔다가 우연히 들어간 가게가 대박이었습니다. 때로는 정석에서 벗어나 유명하지 않은 가게에 들려보는 것도 좋은 선택이 될 수 있습니다.

Q2

유명 신사나 절 근처에 있는 가게, 작은 폭포와 정원이 있는 가게, 강이 보이는 가게 등 주변 환경이나 공간의 분위기를 활용한 가게가 많은 것도 교토 맛집의 매력입니다. 맛은 물론 교토만의 분위기도 즐겨 보시길!

Q3

인생에서 가장 오랫동안 살았던 교토는 제게 '마음이 가장 편안해지는 곳'입니다. 전통 있는 가게가 많으면서도 새 가게도 끊임없이 생겨나는, 늘 진화하는 교토의 재미를 느껴보시기를 바랍니다.

 다이조인 부주지 / 교토 관광 대사 마쓰야마 다이코

Q1

적당히 붐비는 가게를 선택할 것. 사람이 너무 많은 가게는 교토다운 운치를 느끼기 어렵습니다. 그리고 오래된 식당에 주목해 보세요. 정식을 판매하는 식당이라도 오랜 세월 자리를 지키는 데는 이유가 있거든요.

Q2

알면 알수록 흥미로운 것이 교토의 묘미. 가게 주인과 친해지면 더 깊은 세계가 하나둘 열립니다. 음식뿐 아니라 가게 사람들과 나누는 소통도 즐겨 보세요.

Q3

새로운 맛집을 하나둘 찾아가는 것도 즐겁지만 단골 가게가 하나라도 있으면 마음이 든든하죠. '교토 속 나만의 맛집'을 꼭 찾아보세요.

 인스타그램 인플루언서 / 유튜버 네네모모~교토 미식가 OL~

Q1

저는 거리를 자주 돌아다니는 편이라 마음에 드는 가게가 보이면 외관을 사진으로 찍어뒀다가 나중에 방문하고는 합니다. 맛집은 특유의 분위기나 포스가 있기 때문에 평소에 레이더를 세워 두기를 추천합니다.

Q2

교토는 제철 재료로 맛있는 음식을 내놓는 식당이 정말 많습니다. 시즌마다 메뉴를 바꾸거나 그날그날 재료에 맞춰 메뉴가 달라지는 식당도 있는데, 그런 디테일을 알아차리면 더욱 맛있게 즐길 수 있습니다.

Q3

교토에서는 매달 새 가게가 문을 열기 때문에 이곳에서 나고 자란 저도 매번 어디를 갈지 고민합니다. 친구, 연인, 가족과 멋진 시간을 보낼 수 있도록 앞으로도 계속 좋은 가게를 소개해 드리겠습니다.

010 > 041

주목해야 할 신상 맛집

- 빈티지 카페 | 케이크·도넛

- 체험형 라멘 | 우동

- 미국식 음식 | 디저트 코스

1.

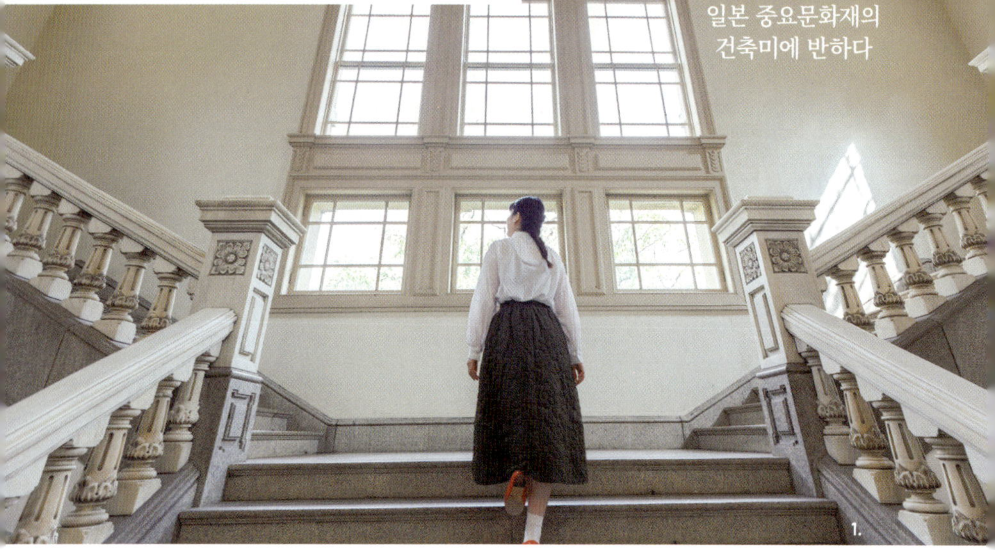

010

살롱 드 1904 salon de 1904

일본에서 가장 오래된 관공서 건물인 교토부청의
옛 본관에 있다. 카페 이름의 '1904'는 옛 본관이
세워진 1904년(메이지 37년)을 의미한다. 교토를
대표하는 '마에다 커피前田珈琲'가 운영하며 음식
부터 디저트까지 다양한 메뉴를 판매한다.

고쇼니시

살롱 드 1904

☎ 075-414-1444 <예약 가능> 74석
• 1 Yabunouchicho, Kamigyo Ward, Kyoto,
  602-8041, 교토부청 본관 내
• 구글맵에 salon de 1904 검색
• 08:00~17:00 / 일요일 및 공휴일 휴무
• 지하철 마루타마치역 2번 출구에서 도보 10분

1. 중요문화재로 등록된 건축 당시 모습을 간직한 건물. **2.** 핫 믹스 샌드(샐러드 포함)ホットミックスサンド(サラダ付)
(1,408엔)는 마에다 커피의 대표 메뉴. **3.** 클래식한 가구와 장식으로 꾸민 카페 내부. 층고가 높아서 개방감이 좋다.

2.

3.

011

토리바 커피 교토
TORIBA COFFEE KYOTO

도쿄에서 인기가 많은 자가 로스팅 카페의 교토 지점. 과거 화과자점, 포목점을 거쳐 지금의 카페가 되었다. 하와이에서 직송한 '하와이 코나' 등 다양한 원두를 블렌딩한 커피를 제공한다.

오른쪽에 있는 진열대는 화과자점이었을 때부터 사용한 물건. 동서양의 절묘한 조화가 아늑한 분위기를 연출한다.

커피コーヒー 800엔~, 우무를 얼려 말린 간텐과 다이나곤 팥이 어우러진 간텐토 다이나곤 아즈키寒天と大納言あずき 600엔.

토리바 커피 교토

☎ 비공개 <예약 불가>　♟30석
- 226 Nanbacho, Sakyo Ward, Kyoto
- 11:00~18:00(푸드 메뉴 제공은 목~일요일) / 화요일 휴무
- 시내버스 가와바타니조 정류장에서 도보 2분

012

킷사 로쿠
喫茶ろく Kissa Roku

일본의 국가등록유형문화재이며 1930년(쇼와 5년)에 지어진 조산원 겸 주택을 리모델링한 카페. 커피와 디저트는 물론 푸짐한 런치 메뉴도 훌륭하다.

조산원 시절 진료실로 사용된 현관 옆 양실. 과거 주거 공간이었던 일본 전통 건물에는 정원을 감상할 수 있는 객실도 있다.

킷사 로쿠의 특제 브라우니喫茶ろくの特製 ブラウニー 800엔, 커피コーヒー 660엔~.

킷사 로쿠

☎ 075-585-3272 <예약불가>　♟16석
- Kyoto, Fushimi Ward, Fukakusa Inarienokibashicho, 9
  일본 국가등록유형문화재 마쓰이가 주택 1층
- 11:30~17:00(L.O. 16:30) / 수요일 휴무, 비정기 휴무
- 게이한 후시미이나리역 동쪽 출구에서 도보 5분

신상 맛집

\ 이것도 놓치지 말 것! /

1. 푸딩 아라모드プリンアラモ
ード(650엔)와 오늘의 와인(레
드·화이트)本日のワイン(赤·白)
(700엔~). **2.** 케이크와 쿠키도
무게 단위로 판매. **3.** 카운터
에서 즐기는 디저트는 신선한
느낌을 준다.

013

케이크 스탠드 에트르 CAKE STAND être

프랑스에서 경험을 쌓은 오너 파티시에가 운영하는 케이크 스탠드. 고조도오
리 거리에 있는 전통 가옥을 리노베이션한 카페에는 주인이 엄선한 가구와 잡
화가 즐비하다. 파티시에가 직접 만든 디저트는 재료 본연의 맛을 살린 적당한
단맛으로 술과도 매우 잘 어울린다. 논알코올 음료와 매일 바뀌는 핑거푸드도
다양해서 카페로 이용하거나 가볍게 낮술을 즐길 수도 있는 점이 매력이다. 케
이크와 구움과자는 포장 판매도 해서 선물용으로도 딱이다.

단바구치

케이크 스탠드 에트르

※1층만

☎ 비공개 <예약 불가> 🪑 2석 ※스탠딩 공간 있음
- 18-1 Chudoji Kushigecho, Shimogyo Ward, Kyoto
- 12:00~21:00(변동될 수 있음. 인스타그램 확인 필수)
- 부정기 휴무 / 시내버스 고조미부가와 정류장 앞

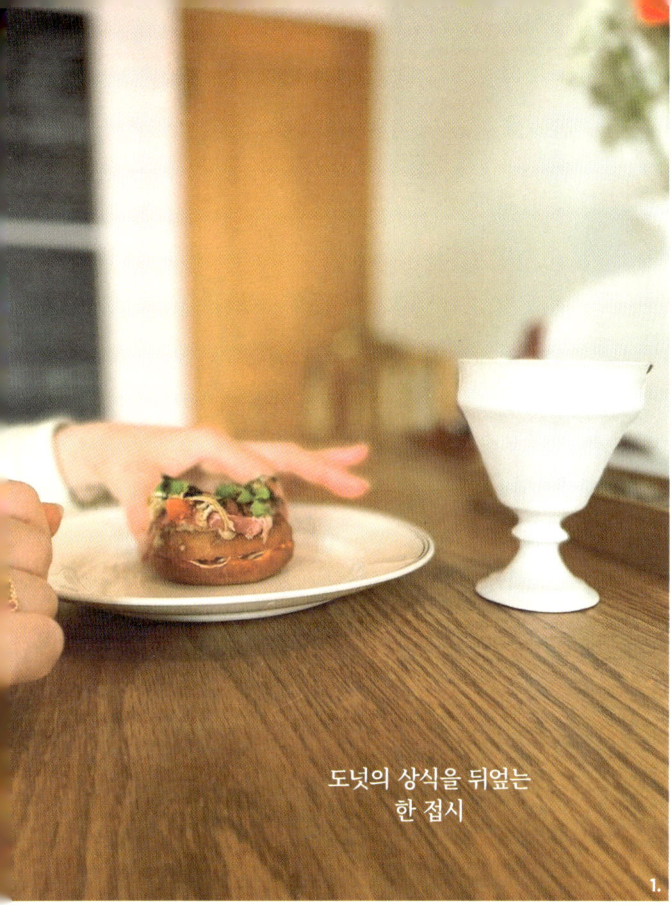

도넛의 상식을 뒤엎는
한 접시

1. 수제 멧돼지고기 판체타自家製猪肉パンチェッタ 등 엄선한 토핑에 주목. **2.** 쌀가루 올드패션~경단, 팥, 말차 크림米粉のオールドファッション〜白玉あんこと抹茶クリーム. **3.** 차분하고 아늑한 분위기의 실내 공간.

014

론마도어 RONMADOR

아쉬움을 남기며 문을 닫은 프랑스&스페인 식당 'BARMANE'의 오너가 2023년 11월에 문을 연 도넛 가게. 도넛은 보통 디저트라는 인식이 있지만 이곳에서 반드시 먹어 봐야 할 메뉴는 채소, 훈제 생선, 멧돼지 고기 등을 토핑한 요리 같은 도넛. 나이프와 포크로 잘라 먹어도 좋고 햄버거처럼 큼직하게 한입 베어먹어도 좋은 개성 넘치는 도넛이다. 내추럴와인이나 맥주와 함께 즐겨보자.

고조

론마도어

☎ 없음 <예약 가능> 👥8석
• Kyoto, Shimogyo Ward, Sugiyacho, 295 카사 데 가와라마치 1층
• 09:00~11:00, 12:00~17:00 / 부정기 휴무
• 게이한 기요미즈고조역에서 도보 9분

다시마의 감칠맛을 담은
한 그릇

리시리 다시마, 라우스 다시마, 참다시
마 육수를 맛보며 깊고 풍부한 다시마
의 세계를 직접 경험해 보자.

바로 앞에서 썰어 주는 가게의 자부심
오보로 다시마(다시마를 얇게 썬 음식).

다시마를 얹은 라멘 등장!
다시마의 감칠맛을 느껴보자.

다시마 육수로 지은 밥으로 만든
미니 주먹밥으로 마무리!

리시리 다시마 : 홋카이도 북부 리시리섬에서 생산되는 다시마
라우스 다시마 : 홋카이도 동부 시레토코 반도 라우스 주변에서 생산되는 다시마
참다시마 : 홋카이도 남부 하코다테 주변에서 생산되는 다시마

015

콤부토 멘 키이치 昆布と麺 喜一

1902년(메이지 35년)에 문을 연 노포 다시마 전문점 '이쓰쓰지노 콘부五辻の昆
布'가 운영하는 이색적인 코스 형식 라멘집. 코스는 다시마 세 종류를 맛보며
비교하는 것으로 시작하여 오보로 다시마를 바로 앞에서 썰어 주는 등 다시마
의 매력을 체감할 수 있도록 구성되어 있다. 메인인 라멘은 고기 육수나 향미
유, 카에시(간장에 미림이나 설탕을 넣어 숙성시킨 소스)를 전혀 사용하지 않고,
다시마 육수를 베이스로 해산물, 토마토, 말린 과일 등으로 조화로운 맛을 낸
다. 오보로 다시마를 '추가'로 넣으면 마지막까지 맛있게 먹을 수 있다.

기타노텐만구

콤부토 멘 키이치

☎ 비공개 <완전 예약제> 👥 10석
• 74-2 Nishiitsutsuji Higashimachi, Kamigyo Ward, Kyoto
• 11:00~, 12:00~, 13:00~ 3부제 운영 ※홈페이지에서 예약 필수
• 부정기 휴무 / 시내버스 센본이마데가와 정류장에서 도보 5분

조금 격이 다른 **기온의 우동 런치**

유명 맛집이 즐비한 화려한 기온 거리에서 장인의 손맛이 담긴 격이 다른 우동을 만끽!

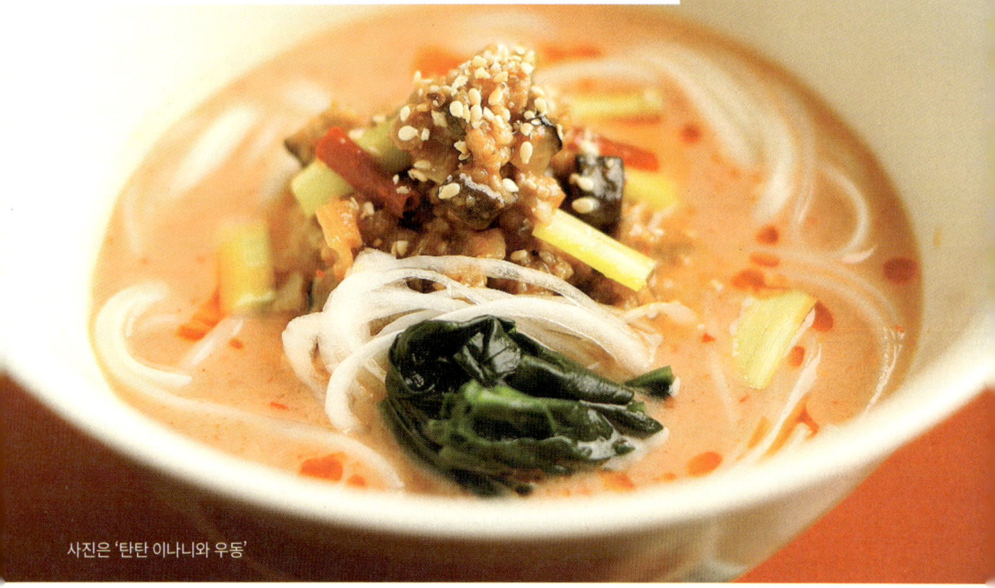

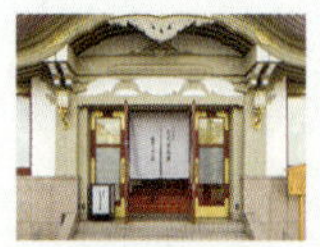

사진은 '탄탄 이나니와 우동'

기온의 랜드마크에서 맛보는
고급스러운 이나니와 우동

016

교토 미나미자 나다만자야 とんかつ専門店「京都南座 なだ万 とんかつ」

기온의 상징 미나미좌 극장 2층에 있는 일본 전통과 현대적인 분위기가 어우러진 우동 전문점. 유서 깊은 고급 요릿집 '나다만なだ万'에서 운영하는 이곳은 쫄깃하고 부드러운 식감이 특징인 '이나니와 우동'을 다양한 방식으로 제공한다. 풍미 깊은 날치 육수 이나니와 우동(온)香り高いあごだしでいただく稲庭うどん(温)(1,650엔)을 비롯해 매콤한 다진 고기 된장과 가느다란 면이 잘 어우러진 탄탄 이나니와 우동(온)坦々稲庭うどん(温)(1,980엔), 재료를 푸짐하게 넣어 끓인 우동스키うどんすき(3,050엔) 등 나다만에서 엄선한 다양한 메뉴는 공연 전후에 배를 채우거나 관광 도중 쉬어가는 데 제격이다.

기온

교토 미나미자
나다만자야

CARD

☎ 075-525-8000 <예약 가능> 34석
- Minamiza, Higashiyama Ward, Kyoto 2층 서쪽 로비
- 11:30~18:00
- 수요일 휴무 ※공연 일정에 따라 다름
- 게이한 기온시조역 6번 출구 앞

깊고 진한 국물 맛이 살아 있는
명가의 우동 한상차림

017

기온 야마기시 祇園 やま岸

예약하기 어려운 식당으로 명성이 자자한 미쉐린 가이드 1스타를 받은 일본 요릿집 '도미노코지 야마기시富小路やま岸'의 자매점. 교토와 도쿄에 매장을 둔 '야마기시' 그룹의 식당 중 유일하게 점심 메뉴를 즐길 수 있는 곳이다. 점심 우동 한상차림昼うどん御膳(1,800엔~)의 메인인 우동은 '구조네기(교토 구조산 파) 유부우동九条ねぎ京きつね', '유바ゆば' 등 다섯 가지 중에서 선택할 수 있으며, 전채요리와 초밥(1,500엔을 추가하면 지라시스시ちらし寿司로 변경 가능), 디저트가 포함된 알찬 구성이다. 전통 가옥을 리모델링한 운치 있는 공간에서 명가가 담아낸 맛을 부담 없이 즐겨보자.

기온

기온 야마기시

☎ 075-551-0701 <예약 가능> 🪑 10석
- 570-154 Gionmachi Minamigawa, Higashiyama Ward, Kyoto
- 런치 12:00~15:00, 디너 18:00~23:00
- 수요일 및 둘째·넷째 주 화요일 휴무
- 게이한 기온시조역 6번 출구에서 도보 6분

가모가와 강×미국식 브런치
교토 감성이 가득한 가모가와 강변에서 즐기는 세련된 브런치 타임

1. 채소가 듬뿍 담긴 AVOCADO TOAST PLATE 1,650엔.
2. 미국 빈티지 가구 위주로 꾸민 인테리어. **3.** 감각적인 실내 공간.

018

마틴 MARTIN

인기 베이커리 'LAND'가 철거된 자리에 문을 연
카페. 오후 2시 30분까지 주문할 수 있는 브런치
메뉴는 팬케이크를 포함해 다섯 가지가 준비되어
있다. 채소를 아낌없이 사용하기 때문에 부담 없
이 맛있게 즐길 수 있다.

교토교엔

마틴

없음 <예약 불가> 19석
• 602-0854 Kyoto, Kamigyo Ward,
  Kameyacho, 128
• 09:00~17:00 / 월요일 휴무
• 게이한 진구마루타마치역에서 도보 7분

가모가와 강 뷰로
눈까지 즐겁게!

1. 여름철에 가모가와 강이 보이는 야외 테라스에 앉고 싶다면 예약 추천. **2.** 2층 카운터 석도 분위기 만점. **3.** 케일 샐러드와 베이컨이 포함된 버터밀크 팬케이크 콤보 플레이트 バターミルクパンケーキコンボプレート 2,300엔.

019

칵토 Kacto

미국 음식을 일본식으로 재해석한 캐주얼 레스토랑. 일본의 식재료와 조리법으로 요리한 음식을 비롯해 직접 만든 수제 맥주와 다양한 와인을 아침부터 저녁까지 맛볼 수 있다.

☎ 075-341-8787 <예약 가능> 👥38석
• 133 Saitocho, Shimogyo Ward, Kyoto
• 08:00~16:00(L.O. 15:00),
  17:30~23:00(L.O. 22:00) / 연중무휴
• 한큐 교토가와라마치역 1B 출구에서 도보 2분

신상 맛집

2.

1. 3.

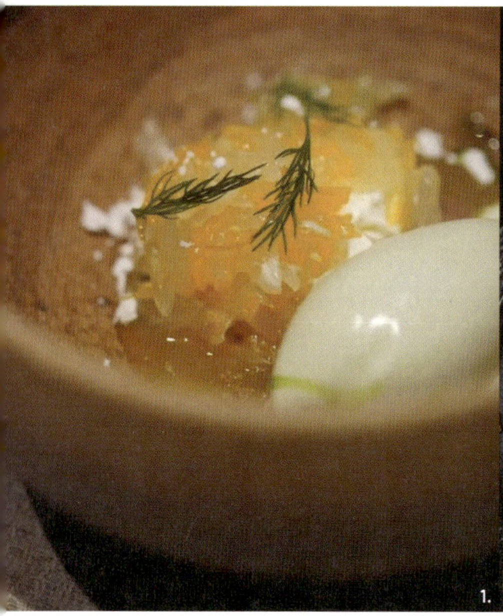

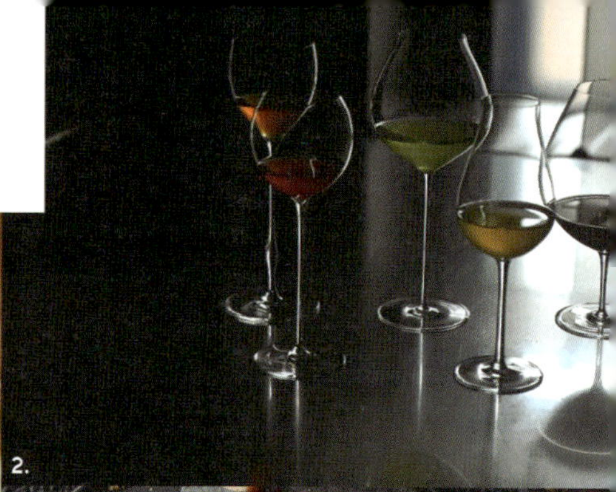

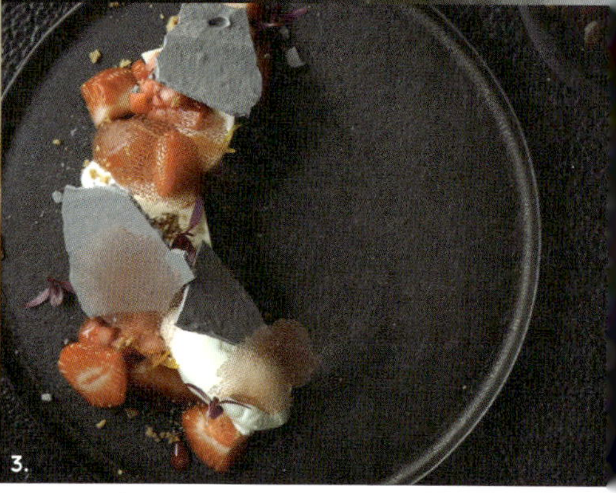

일본 차가 안내하는
새로운 디저트의 세계

020

마보 블룸 MAVO bl∞m

프렌치 조리 기법으로 계절을 담아낸 아시에트
데세르(접시에 보기 좋게 플레이팅한 디저트)와 일
본 차를 베이스로 한 오리지널 블렌드 티의 페어
링. 짭짤함과 쌉싸름한 맛을 섬세하게 담은 창의
적인 디저트와 차가 완벽한 조화를 이루어 참신
한 맛을 경험할 수 있다.

1. 16,500엔(완전 예약제)과
6,600엔(예약자 우선) 코스가
있다(각 최대 6명 한정). 2. 차
는 와인잔에 제공. 3. 눈앞에
서 완성하는 아시에트 데세르

히가시야마

마보 블룸

☎ 075-708-6988 <완전 예약제> 🪑 6석
• 594-7 Komatsucho, Higashiyama Ward, Kyoto
• 16,500엔 코스는 12:00~13:30, 6,600엔 코스는 14:30~17:00
  (L.O. 16:30) • 월·화요일 휴무
• 시내버스 기요미즈미치 정류장에서 도보 3분

다과와 그릇, 분위기가
감성을 자극하다

021

사보 쿄 茶房 居雨/Kyo Amahare

공예와 예술을 다루는 '쿄 아마하레KYO AMAHARE'가 창고를 개조해 만든 찻집. 비가 머무는 곳이라는 뜻을 담은 '쿄居雨'라는 이름은 갤러리 '아마하레雨晴'가 직접 만들었다. 후쿠오카의 찻집 겸 술집인 '요로즈万 yorozu'의 차 전문가 도쿠부치 스구루가 그 뜻을 헤아려 비를 느낄 수 있는 공간과 연출, 서비스, 메뉴 등을 총괄했다. 코스는 '빗소리, 우세이雨声'(2,750엔)를 포함해 총 세 가지가 있다.

1. 디저트는 후쿠이현의 화과자 장인 곤부 도모나리가 담당. 2. 다섯 가지 찻잎 샘플에서 계절의 향을 담은 센차를 고를 수 있다. 3. 현대 작가가 만든 그릇도 주목.

시조카라스마

사보 쿄

☎ 075-256-3281 👤 8석
※ 자동 음성으로 예약 사이트 안내 <웹사이트에서 예약 필수>
• Kyoto, Nakagyo Ward, Aburayacho, 127
• 11:00~19:00, 19:00~23:00(야간 영업은 월 2회 예정)
• 수요일 휴무 / 지하철 시조역 21번 출구에서 도보 11분

발효 밥상으로 몸도 마음도 건강하게!

몸과 마음을 다스리는 발효 건강식 점심은 어떠세요?

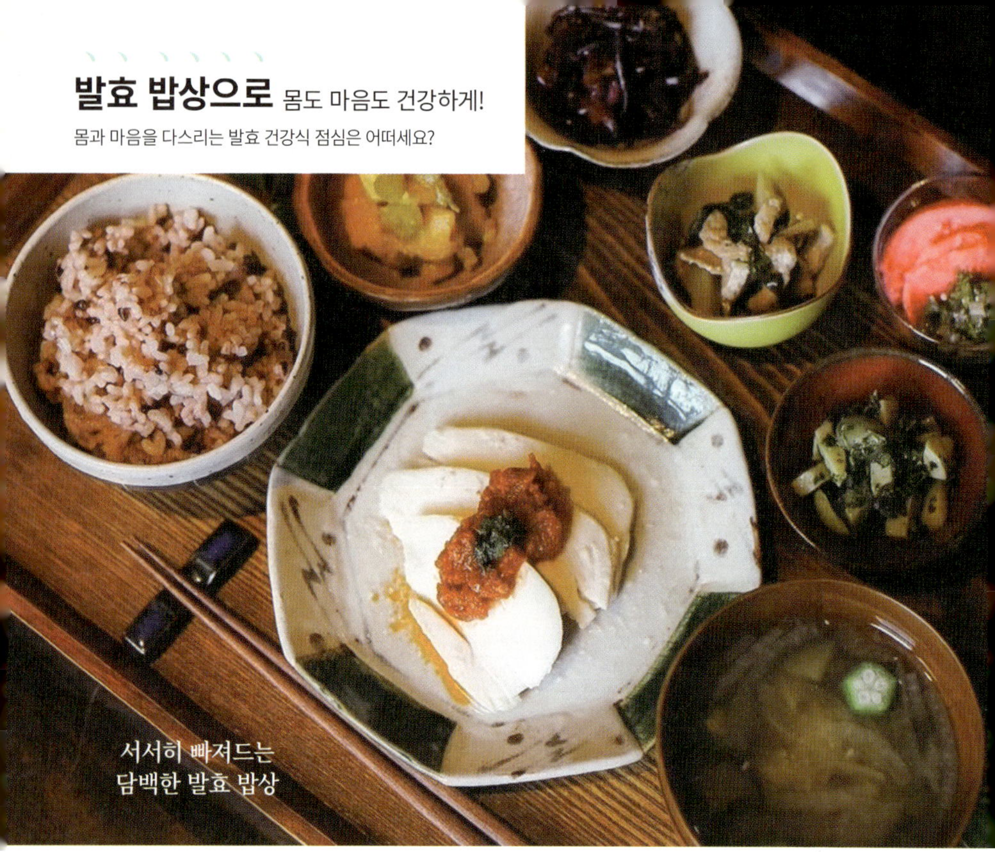

022

라스트 드롭 last drop

매장 1층에서는 발효식 위주로 구성된 런치 메뉴와 천연 효모 빵 그리고 화덕 피자를, 2층에서는 중국 차를 판매한다. 런치 메뉴인 국 하나 반찬 다섯—汁五菜(1,500엔)은 아기자기한 그릇에 담긴 색색의 반찬이 눈을 즐겁게 한다. 된장과 누룩 소금 등 대부분 음식에 직접 담근 발효 조미료를 사용한다.

건강에 좋은 발효 시럽으로 만든 자체 제작 음료는 무더운 계절에 완벽한 선택.

금각사

라스트 드롭

☎ 075-275-8357 <예약 가능> 🪑 27석
- Kyoto, Kamigyo Ward, Nakanocho, nichome 491(오미야 거리 근처)
- 구글맵에 last drop Kyoto 검색 / 화·수요일 휴무
- 1층은 10:00~16:00(L.O. 15:00), 2층은 14:00~18:00(L.O. 17:00)
- 지하철 구라마구치역 1번 출구에서 도보 16분
- ※가게 정보는 인스타그램 확인 필수

023

리코 카페 *Rico cafe*

산조 상점가 근처에 있는 한식과 한과 카페. 채소
와 발효 조미료를 듬뿍 사용해 만든 깊은 맛으로
인기다. 런치 메뉴인 오첩반상五楪飯床은 밥, 국,
반찬 다섯 가지, 메인 요리 세 가지로 푸짐하다.
미용과 건강을 챙기면서도 배부르게 먹고 싶다면
반드시 주목할 것.

\ 음료는 이것! /

다섯 가지 맛이 나는 한국
전통 음료 오미자차オミジ
ャチャ 1,000엔. 그날의 컨
디션에 따라 맛이 다르게
느껴진다.

니조성

리코 카페

☎ 075-432-8907 <예약 가능> 🪑 10석
• 17-17 Nishinokyo Nanseicho, Nakagyo Ward, Kyoto
• 11:00~17:00(런치 L.O. 13:00), (카페 L.O. 16:00)
• 일·월요일 휴무(화요일은 카페 메뉴만)
• JR 니조역 동쪽 출구에서 도보 5분

아오이콘신 야마다
葵献心 やま田

세계유산 시모가모 신사 근처에 위치한 아지트 같은 분위기가 물씬 나는 일식집. 교토와 도쿄 긴자의 유명 식당에서 실력을 갈고닦은 오너 셰프가 제철 재료로 만든 코스와 한상차림으로 손님을 맞이한다. 그릇과 담음새에서도 섬세한 미적 감각을 느낄 수 있어 입은 물론 눈까지 즐겁다.

\ 추천 메뉴! /

아름답게 담아낸 열세 가지 계절 음식과 밥, 맑은장국이 세트로 구성된 한상차림御膳 5,500엔. 숙련된 장인의 솜씨에 감탄이 나온다.

시모가모

아오이콘신 야마다

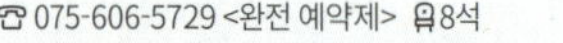

☎ 075-606-5729 <완전 예약제> 🪑8석
• 12-1 Shimogamo Nishimotocho, Sakyo Ward, Kyoto
• 12:00~13:00(마지막 입장), 18:00~19:00(마지막 입장)
  ※모든 메뉴 2일 전까지 예약 필수 / 일요일 및 공휴일 휴무
• 지하철 기타오지역 5번 출구에서 도보 11분

센스와 즐거움이 넘치는 고급 한상차림 런치
정이 넘치는 오너 셰프가 정성껏 대접하는 눈이 즐거운 일식
섬세하고 화려한 일식의 세계에
오신 것을 환영합니다
신상 맛집

문화유산인 저택에서 보석 같은
와라비모치 즐기기

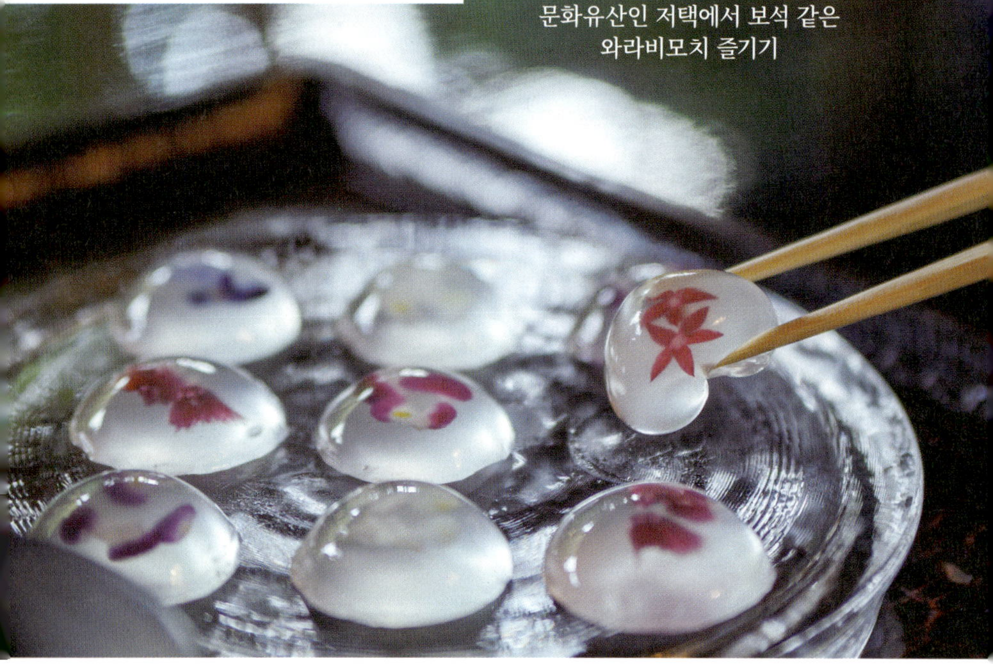

와라비모치 : 고사리 전분으로 만든 말랑하고 쫀득한 일본 떡

025

로쿠주안 麓寿庵

메이지 시대부터 다이쇼 시대에 이름을 날린 일본 화가 이마오 게이넨(1845~1924)이 살던 저택이자 일본 국가등록유형문화재로 지정된 저택을 활용한 카페. 식용 꽃으로 만든 우아하고 아름다운 꽃 와라비華わらび(1,550엔)를 정원을 바라보며 맛볼 수 있다. 오후 2시까지와 오후 5시 30분 이후에는 오리 죽, 가모가유鴨粥(2,350엔)도 판매한다.

각기 다른 매력을 담은 정원 세 개가 있으며 직원의 해설도 들을 수 있다. 꼭 이용해 보자.

시조카라스마

로쿠주안

☎ 075-746-5927 <예약 가능> 38석
• Kyoto, Nakagyo Ward, Nishirokkakucho, 101
• 11:00~L.O. 19:00 / 부정기 휴무
• 게이한 가라스마역 22번 출구에서 도보 10분

026

코제트 졸리 교토 Causette.Joli KYOTO

일본 매니큐어 브랜드 '코제트 졸리'가 관광객으로 붐비는 히가시야마 지역에 문을 연 카페. '고급스러운 것', '마음을 설레게 하는 것'이라는 구절이 등장하는 헤이안 시대의 여성 작가 세이 쇼나곤의 수필집 《마쿠라노소시》에서 영감을 받은 꽃차花のお茶 (880엔~)가 인기다. 야사카 탑을 바로 앞에서 바라볼 수 있는 위치도 매력적이다.

매장 1층에는 네일샵이 있다. 교토점에서만 만날 수 있는 한정 색상도 주목하자!

히가시야마

코제트 졸리 교토

☎ 080-6669-9995 <예약 가능> 🪑 10석
• 385-6 Yasaka Kamimachi, Higashiyama Ward, Kyoto
• 11:00~L.O. 17:00(1층 매장은 10:30~17:30)
• 부정기 휴무
• 시내버스 기요미즈미치 정류장에서 도보 5분

개성 넘치는 **교토 카레 최신 정보**

자극적인 카레부터 부드러운 유럽식 카레까지 총출동!

아침부터 즐길 수 있는
향신료 카레 전문점

치킨 카레
チキンカレー 1,300엔

027

스파이스 홀릭
SPICE HOLIC

교토의 운치가 가득한 가라스마 타카
쓰지에 문을 연 향신료 카레 전문점.
쿠민, 고수 등을 아낌없이 사용한 치킨
카레 등 중독성 있는 메뉴가 가득하다.

스파이스 홀릭

☎ 075-744-6062 <예약 불가> 🪑 16석
• Kyoto, Shimogyo Ward, Honeyacho, Takatsuji Dori 323
  Takatsuji Mihara Building 1층 / 구글맵에 SPICE HOLIC 검색
• 08:00~10:00, 11:30~15:00 • 부정기 휴무
• 지하철 시조역 가라스마 남쪽 출구에서 도보 5분

오래된 민가를 개조한
카레와 커피로 소문난 찻집

자니 특제 가쓰 카레(달
걀, 치즈 토핑)ジャニー特
製カツカレー(たまご・チー
ズトッピング) 1,530엔

028

킷사 자니

喫茶ジャニー/Kissa Janny

쇼와 시대(1926~1989) 분위기를 물씬
풍기는 레트로 찻집이지만 놀랍게도
2024년에 문을 열었다. 다시마, 혼합
생선포, 소 힘줄로 깊은 맛을 낸 어묵
국물에 밀가루가 아닌 채소로 걸쭉하
게 만든 유럽식 카레가 인기.

킷사 자니

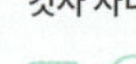

☎ 080-9056-8163 <예약 불가> 🪑 30석
• Kyoto, Shimogyo Ward, Shimourokogatacho, 540-1
• 11:30~19:00(L.O. 18:30) ※부정기 야간 영업
• 일요일 휴무, 부정기 휴무
• 게이한 기요미즈고조역 3번 출구에서 도보 7분

도쿄 시모키타자와에서 시작된
인기 카레, 교토 상륙!

029

나스오야지 하나레

茄子おやじ 花レ

도쿄 시모키타자와의 오래된 카레 전문점 '나
스오야지 하나레'의 교토점. 부드러운 맛의 유
럽식 카레 루는 약 스무 가지 향신료와 8시간
넘게 볶은 양파의 단맛이 비결.

☎ 075-744-0440 <예약 가능> 24석
• Kyoto, Nakagyo Ward, Eboshiyacho, 485
  Meni Building 1층
• 11:00~23:00(음식 L.O. 22:00), (음료 L.O. 22:30)
  연중무휴
• 지하철 가라스마오이케역 6번 출구에서 도보 5분

돗토리현 주민이 사랑하는
정통 향신료 카레

030

아지파이 교토

アジパイKYOTO/Asipai Kyoto

교토역 근처에 있던 돗토리의 명물 카레
전문점이 자리를 옮겨 오픈했다. 하루 중
언제든 주문할 수 있는 매콤한 카레 외에
도 오후 3시 30분 이후에 판매하는 특제
마살라 차이マサラチャイ도 인기가 높다.

☎ 090-4392-8709 <평일만 예약 가능> 10석
• 17-2 Nishinokyo Nanseicho, Nakagyo Ward, Kyoto
• 11:30~18:00(라스트 오더 17:30) / 화요일 휴무
• JR 니조역 동쪽 출구에서 도보 4분

교토 북부 마이즈루에서 운송해 온 갈치와
나가노현의 하우스 굴 데리야키

1. 계절을 느낄 수 있는 정갈한 국물 요리로 코스가 시작된다. 2. 바로 앞에서 요리하는 모습을 생생하게 즐길 수 있다.

3. 시크한 인테리어. 아늑한 공간에서 여유로운 시간을 보내기 좋다. 4. 신선한 생선회는 간장 없이 가쓰오 소금과 직접 만든 이리자케(일본 술에 매실장아찌나 가다랑어포 등을 넣어 졸인 조미료. 에도 시대에 간장 역할을 했다) 등으로 맛을 더한다.

031

아케마시테 오메데토고자이마스
明けましておめでとうござい

카운터석 10석에 예약제로만 운영하는 조용한 골목 안쪽에 자리 잡은 선술집. 메뉴는 오로지 오마카세 코스おまかせコース(6,600엔) 뿐. 마이즈루항에서 운송해 온 신선한 해산물, 제철 교토 채소와 고기 등 엄선한 재료로 만든 계절 요리 총 열 개가 등장한다. 완만한 곡선을 그리는 반원형 카운터석에서는 요리하는 모습을 감상할 수 있는데, 현란한 손놀림에 감탄이 절로 나온다. 오감으로 즐기는 색다른 '체험형 선술집'을 교토 여행에 추가해 보시길.

교토시청 앞

아케마시테
오메데토고자이마스

☎ 075-741-8771 <완전 예약제> 🪑 10석

- Kyoto, Nakagyo Ward, Higashiikesucho, 489
- 17:00~, 19:30~ 2부제 운영 / 부정기 휴무
- 지하철 교토시야쿠쇼마에역 3번 출구에서 도보 4분

스탠드바에서 낮술 한잔

낮부터 한잔 즐길 수 있는 개성 넘치는 술집들이 속속 등장!

1.

졸졸졸 흐르는 물소리를 들으며
내추럴와인에 기분 좋게 취하다

2.

3.

4.

1. 브루스게타ブルスケッタ(700엔) 등 메뉴마다 양도 푸짐하다. **2.** 글라스 와인グラスワイン 900엔~. **3.** 무화과 카프레제イチジクのカプレーゼ 1,200엔. **4.** 인기 주점 브랜드 '이소야五十家' 계열 매장.

032

이에티엄

フルーツとナチュラルワイン ietiem

다카세가와 강 근처라는 특별한 곳에 자리 잡았다. 자사 농장이나 근교 농가에서 운송해 오는 신선한 채소 및 과일로 만든 메뉴와 내추럴와인이 가득하다. 가게 이름을 거꾸로 읽으면 만취라는 뜻의 일본어 '메이테이'가 된다.

기야마치

이에티엄

☎ 075-365-1318 <예약 가능> 🪑20석
• 260-7 Ichinocho, Shimogyo Ward, Kyoto
• 14:00~22:00(음식 L.O. 21:00)
  (음료 L.O. 21:30)
• 화요일 휴무 • 게이한 기온시조역
• 1번 출구에서 도보 3분

마실수록 빠져드는
매혹적인 사케의 세계

2층의 '술 창고'에서 마시고 싶
은 술을 고르면 메뉴에 없는
술이라도 가져와 따라준다.

033

베니얌마 ベニヤンマ/BENIYAMMA

사케를 사랑하는 점주가 일본 각지의 약 200
가지 사케를 엄선해 모아놓았다. 매일 메뉴가
바뀌는 교토산 채소로 만든 안주와 함께 차
가운 술부터 데운 술까지 원하는 대로 추천해
준다. 내 마음에 쏙 드는 술을 찾아보자!

베니얌마

☎ 090-7925-9633 <예약 가능> 유 10석
• 73-6 Nishiyanagicho, Fushimi Ward, Kyoto
• 15:00~22:30(영업 종료 시간은 변동될 수 있음)
• 부정기 휴무(인스타그램 확인 필수)
• 게이한 주쇼지마역 북쪽 출구에서 도보 4분

노련한 셰프가 운영하는
감각적인 일식 선술집

034 모쿠 沐 moku

유명 식당에서 경험을 쌓은 셰프 후
루무라가 선보이는 일품요리는 일본
요리에 프랑스와 이탈리아 요리의 감
각을 녹여냈다. 서빙 담당자 모리구
치가 추천하는 술도 훌륭하다.

코스 요리에 나올 법한 정성과 수고가
담긴 음식을 작은 접시에 조금씩 다양
하게 즐길 수 있어서 좋다.

모쿠

☎ 090-6734-8956 <예약 가능> 유 8석
• 325 Otowacho, Higashiyama Ward, Kyoto
• 15:00~22:00(L.O. 21:00) • 부정기 휴무
• 게이한 기요미즈고조역 4번 출구에서 도보 4분

신상 맛집

43

오늘 밤 주인공은 유부!

교토 사람들의 식탁에서 빼놓을 수 없는 유부와 두부를 부담 없이 즐겨보자.

부드러운 맛의 유부와
두부에 감탄하다

즉석에서 튀겨 따끈따끈하게
제공하는 명물 유부,
메이부쓰 오아게名物おあげ 693엔.

나무로 아늑한 분위기를 연출한 인테리어

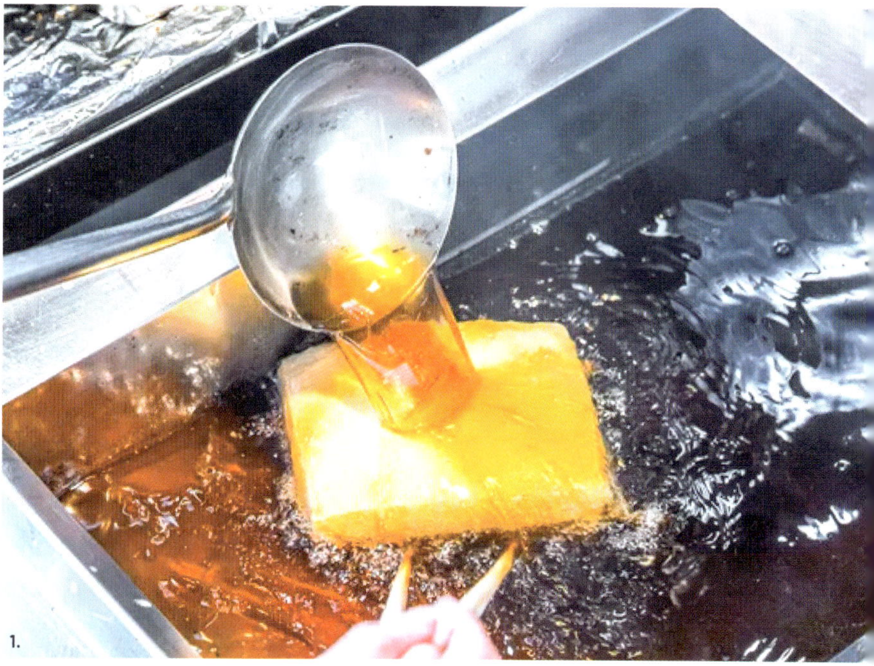

1. 저온과 고온을 능숙하게 활용해 완벽하게 폭신한 식감을 선사한다. 2. 콩 요리를 조금씩 다양하게 즐길 수 있는 교토의 모둠 콩 요리, 교노 다이즈 모리아와세京の大豆盛り合わせ

035

키츠네비요리 キツネ日和

두부 요리를 중심으로 한 편안한 선술집. 교토역에서 도보 5분 거리에 있다. 유부 전용 수제 두유를 사용해 속은 촉촉하고 부드럽게, 겉은 바삭하고 고소하게 만든 '환상의 유부', 마보로시노 아부라아게幻の油揚げ 외에도 두부를 좋아하는 사람의 탄성을 자아내는 엄선된 음식이 가득하다.

대표 메뉴인 일품요리부터 '이런 것도 있다고!?' 싶을 정도로 놀라운 아이디어가 담긴 요리까지 다양하다. 변화무쌍하고 깊은 '유부'의 매력에 푹 빠져보자.

☎ 050-5462-5226 <예약 가능> 🪑 42석
• 1-6 Higashikujo Nishisannocho, Minami Ward, Kyoto
• 17:00~23:00 / 일요일 휴무
• 각 선 교토역 하치조구치 출구에서 도보 5분

아침 디저트라는 선택지
코스로 즐기는 디저트, 하루의 시작을 우아하게

마치 예술작품을 먹는 기분!
매혹적인 디저트 코스

갓 완성한 디저트를 하나씩 제공.
새 접시가 등장할 때마다 그 아름
다움에 감탄이 나온다.

1. 반지하 형태 가게를 멋스러운 앤티크 가구로 꾸몄다. 2. 신선한 계절 과일 샐러드로 시작. 3. 코스를 마무리하는 '먹을 수 있는 일본 정원'

036

슈카킷사 카시하테 酒菓喫茶かしはて/Liquor cafe Kashihate

아침에도 달콤한 것을 잔뜩 먹고 싶다!

유명 맛집에서 경험을 쌓은 오너가 운영하는 '슈카킷사 카시하테'에서는 그 꿈을 이룰 수 있다. 10시부터 예약제로만 운영하는 '아침 디저트 코스朝菓子の会'는 총 네 가지 디저트 코스에 웰컴 드링크가 포함(3,800엔)되어 있다. 과일이 주인공인 디저트부터 일본 정원을 표현한 예술적인 상자형 디저트까지 다양한 아이디어가 담긴 구성이다. '아침 디저트 코스' 외에도 12시 30분 이후에는 계절 파르페 등도 판매한다. 인기가 많은 곳이므로 미리 예약하길 추천한다.

은각사

슈카킷사
카시하테

☎ 비공개 <예약 가능> ※'아침 디저트 코스'만 3일 전까지 예약 필수 🪑 9석
• 37-1 Jodoji Kamiminamidacho, Sakyo Ward, Kyoto
• 12:30~17:00(마지막 입장 16:00) ※'아침 디저트 코스'는 10:00~12:00
• 수요일 휴무, 부정기 휴무
• 시내버스 긴카쿠지미치 정류장에서 도보 5분

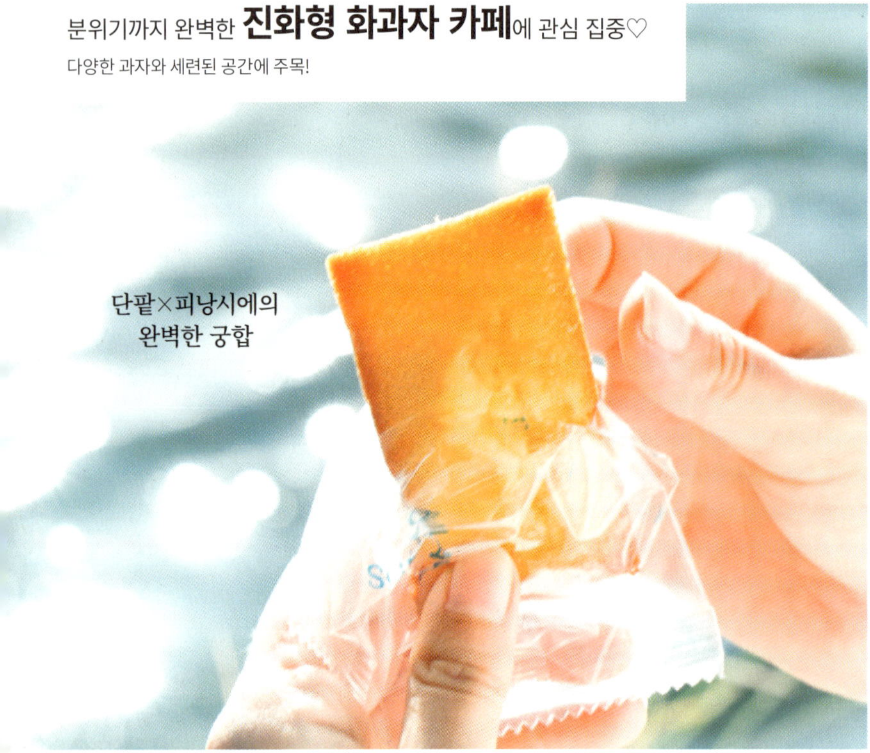

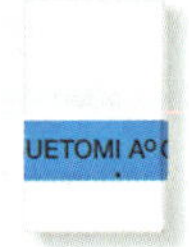

037

스에토미 아오큐 카페 스탠드
SUETOMI AoQ CAFÉ STAND

교가시쓰카사 '스에토미'가 운영하는 테이크아웃 전문 카페. 정성이 담긴 팥소로 만든 음료와 샌드위치 등 참신한 메뉴가 즐비하다. 인기 상품인 '앙피낭시에あんフィナンシェ'(4개입, 2,484엔~)는 별도로 들어 있는 팥소를 입맛에 맞게 덜어서 찍어 먹을 수 있다.

\ 여기에 주목! /

선명한 '스에토미 블루'가 담긴 패키지도 인상적. 손에 들기만 해도 마음이 설렌다.

스에토미 아오큐
카페 스탠드

☎ 없음 <예약 불가> ☗ 야외 벤치 4석
- Kyoto, Shimogyo Ward, Tamatsushimacho, 319
- 08:00~18:00 / 연중무휴
- 지하철 가라스마선 시조역 5번 출구에서 도보 4분

038

사사야쇼엔 카페 앤드 아틀리에
Sasaya shoen CAFE & ATELIER

교토 전통 화과자를 판매하는 유서 깊은 '사사야쇼엔笹屋昌園'에서 운영하는 카페가 2023년 7월에 리뉴얼 오픈했다. 1층은 나무, 2층은 돌을 테마로 한 모던한 분위기에서 교토 남동부 우지타와라의 최고급 말차로 만든 와라비모치わらび餅를 맛볼 수 있다. 말캉하고 부드러운 식감부터 쫀득한 식감까지 시시각각 달라지는 맛을 즐겨보자.

카페 앞쪽에 있는 갤러리 공간에는 사사야쇼엔이 자랑하는 상품이 즐비하다.

료안지

사사야쇼엔 카페 앤드 아틀리에

☎ 075-463-9480 <예약 불가>　유 28석
- 2 Taniguchisonomachi, Ukyo Ward, Kyoto
- 11:00~17:30(L.O. 17:00) / 부정기 휴무
- 란덴 료안지역 앞

세련되고 모던한 공간에서 즐기는
최고의 와라비모치

신상 맛집

039

교토 채소와 숯불 요리 이호토 京野菜と炭火料理 庵都 いほと

난젠지 근처의 리조트 호텔 '후후 교토'에 있지만, 투숙객이 아니어도 이용할 수 있는 레스토랑. 우아한 일본 정원이 눈 앞에 펼쳐지는 특별한 공간에서 교토산 채소와 제철 재료를 다양하게 곁들인 창작 요리를 맛볼 수 있다. 런치 메뉴로 인기가 많은 '후쿠에젠福重膳'은 작은 그릇에 담긴 색색의 반찬들이 나무 찬합에 담겨있는 화려한 한상차림이다. '복을 겹겹이 쌓는다'는 의미를 담은 이름처럼 먹을수록 행복이 마음에 차곡차곡 쌓이는 기분이 든다. 육수와 시로미소(순하고 단맛이 나는 흰 된장)로 부드러운 맛을 낸 국물 요리 '안토지루庵都汁'도 훌륭하다.

1.

2.

3.

1. 교토산 채소를 담은 아홉 가지 반찬과 튀김, 안토지루로 구성된 후쿠에젠-유-福重膳-悠- 3,800엔. 2. 요리사의 숙련된 손놀림을 바로 앞에서 볼 수 있는 카운터석. 3. 비와호 호수의 물길을 품은 일본식 정원 4. 정원을 감상할 수 있는 창가 자리가 인기다.

**교토 채소와
숯불 요리 이호토**

☎ 075-754-3326 <완전 예약제> 🍴46석
• 41-41 Nanzenji Kusakawacho, Sakyo
  Ward, Kyoto / 11:30~14:30(L.O. 13:30) / 연중무휴
• 지하철 게아게역 2번 출구에서 도보 7분

4.

실력파 이탈리안 레스토랑 뉴 페이스 등장

미쉐린 가이드에 소개된 유명 맛집의 자매점이 교토에 상륙!

1.

나폴리 피자와
이탈리아 가정식 맛에 감탄

2.

3.

040

카사 디 치로 Casa di Ciro

4년 연속 미쉐린 빕 구르망에 선정된 나폴리 피자 전문점 '핏제리아 다 치로Pizzeria da Ciro'의 자매점. 이탈리아 가정식도 맛볼 수 있으며 와인과 잘 어울리는 요리도 가득하다. 모르타델라 햄과 희소가치가 높은 스트라차텔라 치즈로 만든 피자, 파스타, 돌체(디저트)를 즐겨보자.

\ 나폴리의 맛을 재현! /

1. 치로 스페셜Ciroスペチャーレ Small 2,600엔, Regular 3,000엔. **2.** 나폴리를 대표하는 튀김 요리 해산물 프리토魚介フリット 2,500엔. **3.** 나폴리의 사진과 그림으로 장식된 내부. **4.** 서일본 최대 규모를 자랑하는 화덕.

고조

카사 디 치로

CARD

☎ 075-585-5229 <예약 가능> 🪑 34석
• 407-2 Gojokarasumacho, Shimogyo Ward, Kyoto
• 17:30~22:30(L.O. 22:00),
  토·일요일, 공휴일은 런치 영업 있음. 11:30~14:30(L.O. 14:00)
• 화요일 휴무 / 지하철 시조역 5번 출구에서 도보 5분

격식 없이 편안한 분위기에서 이름난 맛집의 맛을 음미하다

041

카부라 kabura

도쿄 미쉐린 가이드에 실린 'sio'의 셰프 도바 슈사쿠가 총괄하는 캐주얼 이탈리안. 가게 이름은 교토산 순무인 '카부라'에서 유래했으며 대표 메뉴도 순무와 가라스미(어란을 소금에 절여 말린 것) 스파게티다. 300종이 넘는 내추럴와인을 상시 갖추고 있으며 유명 맛집의 맛을 부담 없이 즐길 수 있는 곳이다.

1. 순무와 가라스미 스파게티 カブとからすみのスパゲッティ 1,705엔. 2. 고기 요리도 훌륭하다. 3. 파리의 비스트로 같은 인테리어 4. 요리와 어울리는 내추럴와인을 추천해 준다.

가와라마치

카부라

☎ 075-205-5401 <예약 가능> 🪑 32석 ※스탠딩 석 있음
• Kyoto, Nakagyo Ward, takoyacho 151 1층
• 월·화·목·금요일 및 공휴일 전날·다음날은 17:00~22:30(요리 L.O. 21:30), (음료 L.O. 22:00) ※토·일요일, 공휴일은 15:00~ / 수요일 휴무
• 한큐 가와라마치역 11번 출구에서 도보 4분

《나는 내일,
어제의 너와
만난다》

원작 나나츠키 타카후미,
감독 미키 타카히로
배급 도호

×

사라사 니시진사라さ西陣의
'케이크 세트'

2016 2016년에 개봉한 판타지 영화. 미대생인 타카토시는 전철에서 마주친 에미에게 첫눈에 반하고, 용기를 내어 말을 걸지만 어쩐 일인지 에미는 울음을 터뜨린다. 많은 장면을 교토에서 촬영했으며 교토시 동물원, 철학의 길 등 친숙한 관광지도 등장한다. 지은 지 90년이 넘은 대중목욕탕을 개조한 카페 '사라사 니시진'은 영화에서 타카토시와 에미가 여러 번 데이트한 장소. 가게에서 이야기를 나누며 커피를 마시는 따스한 장면에 무심코 설렌 사람이 많았을 것이다. 두 사람이 앉은 자리는 입구에서 가까운 창가 자리지만, 매장 안쪽에 있는 과거 목욕탕이었던 자리도 추천한다. 알록달록한 타일로 뒤덮인 벽과 층고가 높은 격자 천장이 운치를 더한다. 제철 과일로 만든 디저트나 푸짐한 음식과 함께 영화 이야기에 푹 빠져 보면 어떨까?

《나는 내일,
어제의 너와 만난다》

Blu-ray & DVD 발매
발매처: 하쿠호도 DY 뮤직
앤픽쳐스 / 판매처: 도호
©2016《나는 내일, 어제의
너와 만난다》제작위원회

7월 타카후미의 소설을 영화화한 작품. 교토를 배경으로 펼쳐지는 미대생 미나미야마 타카토시와 비밀을 지닌 후쿠쥬 에미의 러브 스토리를 그렸다.

무라사키노

사라사 니시진

☎ 075-432-5075 <평일만 예약 가능> 👥 43석
• 11-1 Murasakino Higashifujinomoricho,
  Kita Ward, Kyoto
• 11:30~21:00(금·토요일은 ~22:00) / 수요일 휴무
• 시내버스 다이토쿠지마에 정류장에서 도보 6분

043 > 178

아침, 점심, 저녁, 입안의 행복
아침부터 저녁까지, 최고의 식사를!

- 아침 식사
- 점심 식사
- 저녁 식사

말차 전문점 '하토야 료요샤 八十八良葉舎'의 말차를 한 잔 한 잔 정성껏 내린 후 제철 과일로 담근 수제 과일청에 따른 과일 말차 라떼果実抹茶ラテ 900엔.

043

빵과 에스프레소와 교토
パンとエスプレッソと京と

인기 베이커리 카페 '빵과 에스프레소와パンとエスプレッソと'의 계열 매장 중에서도 한층 고급스러운 분위기로 많은 사랑을 받고 있다. 하루에 30~40가지 선보이는 빵은 매장에서는 자를 수 없을 정도로 폭신폭신한 식빵을 비롯해 부드러운 식감들이 많다. 지은 지 130년 된 전통 가옥을 활용한 베이커리 안쪽에는 정원을 바라보며 먹을 수 있는 공간이 있다.

1. 귀한 부위인 '텐더로인'을 사용한 규카츠를 폭신폭신한 우유식빵에 끼운 규카츠 샌드牛カツサンド 3,000엔.
2. 간판 메뉴인 무ムー에 직접 만든 달걀 샐러드를 듬뿍 바른 무 타마고샌드ムーのたまごサンド 400엔.

붉은색과 하얀색으로 칠해진 노렌이 눈
길을 끈다.

가라스마마루타마치

빵과 에스프레소와 교토

☎ 075-746-2995 <예약 가능> ♁24석
• 371 Sashimonoyacho, Nakagyo Ward, Kyoto
• 08:00~18:00(L.O. 17:00) / 부정기 휴무
• 지하철 마루타마치역 6번 출구에서 도보 4분

044

교 쇼고인 하야오키테 우동

京 聖護院 早起亭うどん/Kyo Shogoin Hayaokitei Udon

1923년(다이쇼 12년)에 문을 연 옛 제면소와 함께 있는 식사 공간. 우동, 소바, 중국식 면 요리 등 다양한 메뉴를 판매하며 면과 육수 모두 교토의 연수軟水로 만든다. 대표 메뉴인 오카짱노 우동おかあちゃんのうどん(600엔)은 쫄깃하고 부드러운 교토식 우동의 면발을 포슬포슬한 달걀로 덮었다. 오너가 어릴 적 먹었던 어머니의 손맛이 담긴 추억의 메뉴다. 이 밖에 카레우동カレーうどん, 나베야키 우동鍋焼きうどん, 청어(니신) 소바にしんそば, 중화(주카) 소바中華そば도 인기가 많다. 카운터에서 직접 주문하고 결제하는 셀프 방식.

쇼고인

교 쇼고인
하야오키테 우동

☎ 075-761-0091 <예약 불가> ⛩ 12석
• 9 Shogoin Rengezocho, Sakyo Ward, Kyoto
• 구글맵에 Kyo Shogoin Hayaokitei Udon 검색
• 05:00~13:00 / 수요일 휴무
• 시내버스 히가시야마니조 정류장에서 도보 5분

045

신푸쿠사이칸 본점 新福菜館 本店

80년 전통의 중화 소바 전문점. 대표 메뉴인 중화 소바(보통)中華そば(並)(850엔)는 한 번 보면 잊을 수 없는 짙은 검은빛 국물이 특징이다. 돼지 뼈와 닭 뼈로 우려낸 육수에 고기의 깊은 맛이 밴 간장 소스를 더해 겉보기와 달리 맛은 의외로 담백하다. 적당히 쫄깃한 직선 면발과의 궁합이 뛰어나고 차슈나 구조네기 같은 토핑과 어우러지는 맛도 훌륭하다. 아침부터 먹어도 부담 없이 한 그릇 비울 수 있는 맛이라고 보장한다. 마찬가지로 간장 소스로 만든 고소한 볶음밥도 추천한다.

교토역

신푸쿠사이칸
본점

☎ 075-371-7648 <예약 불가> 🪑 51석
• 569 Higashishiokojicho, Shimogyo Ward, Kyoto
• 09:00~20:00(L.O. 19:45) / 수요일 휴무
• JR 교토역 중앙 출구에서 도보 5분

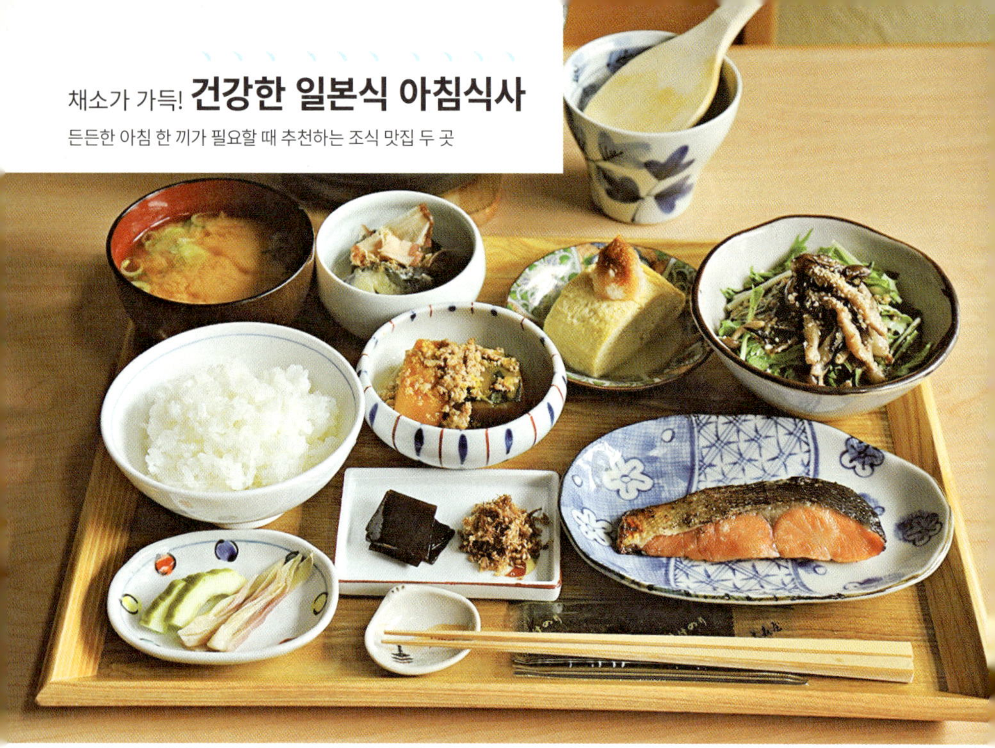

압도적인 양!
일본식 음식점의 고급 조식

046

슌사이 이마리 旬菜 いまり

오반자이(교토의 가정식 반찬 요리)와 제철 요리를 맛볼 수 있는 교토 전통 가옥을 리노베이션한 일식당. 교토의 아침밥京の朝ごはん(1,700엔)은 맛도 뛰어나고 반찬도 다양해 현지인들 사이에서도 인기가 높다. 교토 교탄바산 고시히카리 쌀로 짓는 뚝배기 밥, 제철 재료로 만든 오반자이 두 가지, 촉촉하고 부드러운 달걀말이, 사이쿄야키(단맛이 나는 흰 된장인 교토의 사이쿄미소에 생선을 재운 뒤 구운 요리) 등 아침부터 라인업이 화려하다. 절임과 샐러드 드레싱도 모두 직접 만들며 영양 균형도 완벽하다. 맛을 제대로 느끼려면 배를 비우고 방문해야 한다. 예약 필수.

시조카라스마

슌사이 이마리

☎ 075-231-1354 <예약 필수> 🪑 24석
• 108 Nishirokkakucho, Nakagyo Ward, Kyoto
• 07:30~11:00(L.O. 10:00), 17:30~23:00(L.O. 22:00)
• 화요일 휴무 / 지하철 가라스마오이케역 5번 출구에서 도보 6분

교토의 가벼운 아침 한 끼는
죽과 오반자이로

047

도미노코지 가유텐 富小路粥店

1939년에 문을 연 오반자이 전문점 '오료리 메나미御料理めなみ'가 운영하는 죽 전문점. 인기 메뉴인 중화 닭죽, 추카 도리가유中華とり粥(900엔)는 닭 뼈 육수로 지은 쌀밥을 다시 닭 뼈 육수에 푹 끓여 깊은 맛을 냈다. '오료리 메나미'에서 판매하는 오반자이(1개 150엔~)도 추가할 수 있다. 그 밖에도 오곡밥으로 만든 죽, 고코마이노 와가유五穀米の和粥나 중화 닭죽의 진수, 추카 도리가유 기와미中華とり粥極み, 제철 재료로 만든 죽 등을 판매한다. 어떤 메뉴든 육수의 깊은 맛을 제대로 느낄 수 있고, 오료리 메나미의 정성 어린 손맛이 빛을 발한다. 죽과 오반자이 모두 포장 가능.

시조가와라마치

도미노코지 가유텐

☎ 075-744-0662 <예약 불가> 🪑 20석
• 41-2 Tokushojicho, Shimogyo Ward, Kyoto
• 07:00~16:00(L.O. 15:30) / 수·목요일 휴무 /
• 한큐 교토가와라마치역 12번 출구에서 도보 7분

고급스러운 **산가오노 교토조쿄지**의 아침 한 상
이색적인 '사찰 호텔'에서 만나는 건강한 한 끼
윤기가 흐르는 솥밥과
다양한 반찬에 대만족

아침 한 상 '시운紫雲' 2,750엔. 산가치라시(초양 념한 밥에 채소 등을 담은 시그니처 메뉴), 오늘의 생선구이, 나마후덴가쿠(된장 소스를 얹은 구운 떡), 달걀말이, 참깨 두부, 시라아에(으깬 두부에 데친 채소를 무친 음식) 등.

048

산가오노 교토조쿄지

僧伽小野 京都浄教寺

'사찰 호텔' 콘셉트로 500년이 넘는 역사를 지 닌 조쿄지와 하나가 된 '미쓰이 가든 호텔 교 토 가와라마치 조쿄지' 안에 자리한 세련된 레 스토랑. 아침 식사 메뉴는 세 가지 중에서 선택 할 수 있으며, 밥은 단바산 히노히카리 쌀로 짓 는다. 국은 된장국이나 닭고기, 두꺼운 유부를 넣은 가스지루(술지게미로 만든 국) 중에서 하 나를 선택할 수 있다.

데라마치시조
산가오노 교토조쿄지

☎ 075-708-8868 <조식은 예약 불가> 🪑70석
• Kyoto, Shimogyo Ward, Teianmaenocho 620, 미쓰이 가든 호텔 교토 가와라마치 조쿄지 2층
• 06:30~15:30, 17:00~21:30
※ 조식은 06:30~11:00(L.O. 10:30) / 연중무휴
• 한큐 교토가와라마치역 10번 출구 앞

  (반 개인실)

빵의 도시 교토에서 놓칠 수 없는 개성 만점 아침 빵 총집합!

개업 이래 70년 동안 꾸준히
사랑받는 정겨운 동네 빵집

심플하지만 인기가 많은 햄롤ハムロール 200엔.

큼직하게 썬 햄을 튀긴 가쓰롤カツロール 250엔.

홋카이도 도카치산 팥으로 직접 만든 팥빵あんぱん 180엔.

049

마루키 베이커리 まるき製パン所

마쓰바라 교고쿠 상점가에 문을 연 지 70년이 넘은 빵집. 옛날식 대면 판매대 앞에서 즐겁게 빵을 고르는 사람들로 종일 붐빈다. 대표 인기 메뉴인 쿠페빵 (핫도그 번처럼 길쭉한 빵)은 푹신하고 부드러운 식감과 부드러운 맛이 특징. 속 재료는 식사 종류와 디저트 종류를 합해 약 열다섯 가지가 있으며 매장 판매 대에 재고가 없어도 주문하면 안쪽 주방에서 만들어 준다. 이른 아침부터 영 업하기 때문에 출근 전에 들르는 단골손님도 많다. 대량으로 구매하려면 사전 에 매장에 주문해 두는 편이 좋다.

(시조오미야)

마루키 베이커리

☎ 075-821-9683 🏠 없음
- Kyoto, Shimogyo Ward, Kitamonzencho, 740
- 06:30~20:00(일요일, 공휴일은 6:30~14:00)
- 월요일 휴무 / 시내버스 오미야마스바라 정류장에서 도보 3분

의외로 담백한
통팥 생크림粒
あん生クリーム
300엔.

고소한 치즈가
매력적인 핫도
그ホットドッグ
450엔.

속을 꽉 채운
푸짐한 빵

재료를 가득 넣
은 야키소바빵
焼きそばパン
260엔.

050

르 쁘띠 멕 오마케

Le Petit Mec OMAKE

인기 베이커리 '르 쁘띠 멕'의 본사 키친과 함
께 운영되는 빵집. 클래식한 감성에 르 쁘띠
멕다운 개성이 드러나는 쿠페빵이 가득하다.

르 쁘띠 멕 오마케

☎ 075-255-1187 <예약 가능> ♿없음
• 418-1 Ikesucho, Nakagyo Ward, Kyoto,
  Kyowa Building 1층 • 09:00~18:00 / 부정기 휴무
• 한큐 가라스마역 22번 출구에서 도보 8분

이 빵집 화제의
메뉴 야키소바
샌드焼きそばサ
ンド 265엔.

튀겨서 맛있는
콩가루 팥빵
あんきなこ
205엔.

수제 빵을 고집하는
옛날식 쿠페빵

감자샐러드까지
얹은 새우튀김エ
ビフライ 310엔.

051

텐구도 우미노 베이커리

天狗堂海野製パン所
TENGU-DO UMINO BAKERY

1922년(다이쇼 11년) 개업 당시부터 직접 만든
빵만 판매한다. 3대째 주인인 우미노 부부가
매일 약 50종류의 빵을 정성스럽게 굽는다.

텐구도
우미노 베이커리

☎ 075-841-9883 <예약 가능> ♿없음
• 9 Mibunakagawacho, Nakagyo Ward, Kyoto
• 07:00~20:00(품절 시 영업 종료)
• 일·월요일 휴무
• 게이후쿠 니시오지산조역에서 도보 6분

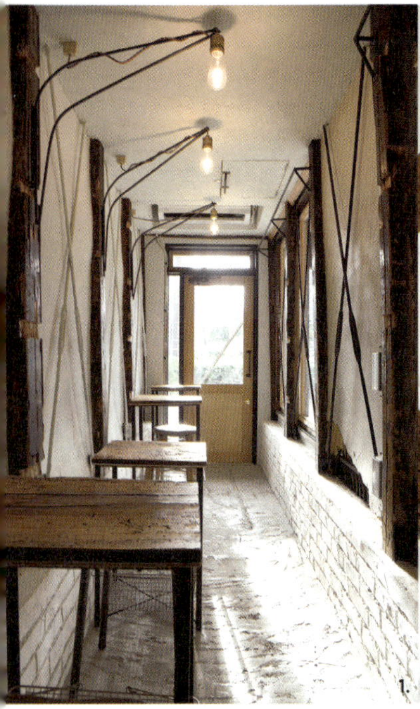

1. 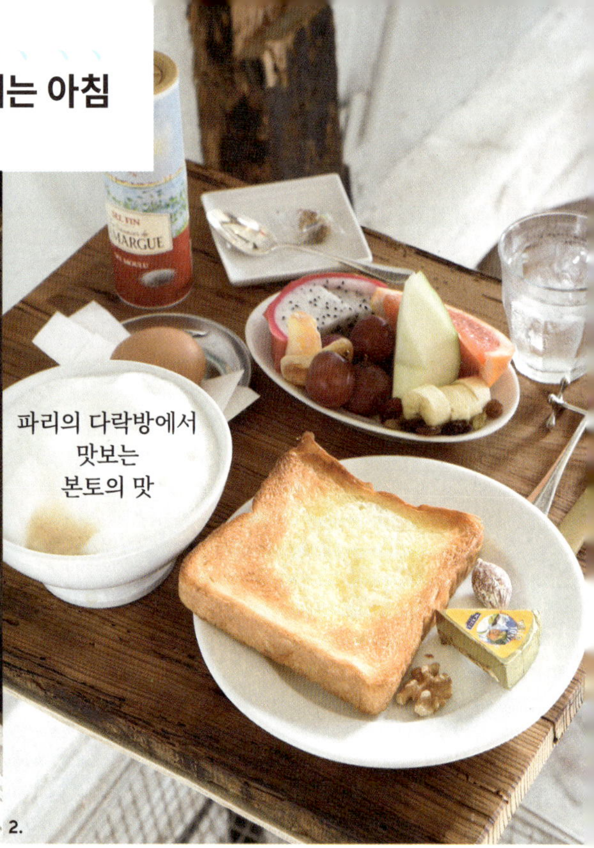 2.

052

르 카페 드 브누아 Le cafe de benoit

오너가 2년 3개월에 걸쳐 개발한 Paris의 카페 세트Parisのカフェセット(3,850엔)는 신선한 과일에 치즈, 토스트 등으로 구성되어 영양 균형이 뛰어나 아침 식사로 안성맞춤. '파리의 다락방'을 테마로 꾸미며 프랑스 감성이 가득하고 세련된 공간에서 여유로운 아침을 즐길 수 있다.

\ 볼에 담겨 나오는 카페오레! /

3.

1. 파리의 다락방처럼 꾸민 카페 내부 2. 재료부터 엄선된 Paris의 카페 세트. 3. 양이 많은 카페오레.

가와바타오이케
르 카페 드 브누아

☎ 없음 👥 6석
• Kyoto, Sakyo Ward, Magohashicho, 14 / 09:00~15:00
• 일~금요일 휴무(월 1회 일요일 영업, 인스타그램 확인 필수)
• 게이한 산조역 11번 출구 앞

053

모노 모노 카페 MONO MONO CAFE

메이지 시대에 지은 전통 가옥을 개조한 카페에서 정성껏 만든 크레이프와 갈레트를 맛볼 수 있다. 아침 메뉴인 갈레트 스타일은 100% 메밀가루로 바삭하게 구운 갈레트에, 그릴에 구운 베이컨, 달걀, 토마토를 얹었다. 수프와 음료도 포함되어 배부르게 먹을 수 있다.

1. 오래된 대들보가 그대로 남아 있는 2층. 2. 곳곳을 장식한 드라이플라워가 감성을 자극한다. 3. 갈레트 스타일ガレットスタイル 880엔. 4. 큰 나무 탁자가 있는 1층 좌석.

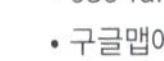

가라스마

모노 모노 카페

☎ 080-4649-6946 <예약 가능> 👤 34석
• 686 Takannacho, Nakagyo Ward, Kyoto
• 구글맵에 Mono Mono Cafe Kyoto 검색
• 11:00~17:00(일요일은 09:00~) / 부정기 휴무
• 한큐 가라스마역 22번 출구 앞

아침식사

다양한 **토스트**와 함께하는 아침

나도 모르게 사진을 찍게 되는 예쁘면서도 맛있는 빵

상큼한 레몬과
버터 토스트의 찰떡궁합

눈까지 사로잡는
명물 토스트

054

키쿠신 커피 菊しんコーヒー

기요미즈데라 근처 골목에 있는 작은 찻집.
두툼하게 썬 버터 토스트에 레몬청을 얹은
레몬 토스트レモントースト(500엔)는 이곳에
서만 맛볼 수 있다. 새콤달콤한 레몬과 짭
조름한 버터가 의외로 잘 어울린다. 직접
로스팅한 향긋한 커피와 함께 즐겨보자.

055

커피 하우스 마키
COFFEE HOUSE maki

교토 데마치에서 40년 넘게 사랑받는 찻
집. 모닝 세트モーニングセット(780엔)는 두껍
게 썬 토스트 속을 파서 그릇처럼 활용해
그 안에 샐러드와 삶은 달걀을 담은 사랑스
러운 메뉴. 풍미가 깊은 자가 로스팅 드립
커피와 함께 맛보자.

히가시야마

키쿠신 커피

☎ 075-525-5322 <예약 불가> 👥8석
• 61-11 Shimobentencho, Higashiyama Ward,
  Kyoto
• 08:00~17:00 / 일요일 휴무
• 게이한 기온시조역 6번 출구에서 도보 10분

데마치야나기

커피 하우스 마키

☎ 075-222-2460 👥47석
• 211 Seiryucho, Kamigyo Ward, Kyoto
• 08:30~17:00(L.O. 16:30) / 화요일 휴무
• 게이한 데마치야나기역에서 도보 5분

작은 정원을 바라보며
즐기는 일본식 토스트와 커피

직접 구운 빵 위에
쭈욱 늘어나는 치즈

056

고분샤 好文舎/Koubunsha

교토 감성이 가득한 골목에 자리 잡은 카페. 도심에 있으면서도 고즈넉한 정취를 느낄 수 있는 방에서 팥 토스트あんトースト(350엔)와 '카페 드 코라손Cafe de Corazon'의 커피コーヒー(600엔), 일본 차 등을 곁들일 수 있다. 카페 내부에는 공예 작가의 작품도 전시한다.

057

카페 코치 CAFE KOCSI

오너 제빵사가 매일 직접 굽는 빵으로 만든 다양한 메뉴를 맛볼 수 있는 카페. 수제 식빵에 화이트소스와 치즈, 로스 햄으로 샌드위치를 만들고 치즈를 얹어 구운 크로크 마담クロックマダム(980엔)은 양이 푸짐하다. 반숙 달걀을 얹어서 함께 즐겨보자.

교토교엔

고분샤

☎ 090-9697-7255 👥 8석
• 118 Kainokamicho, Kamigyo Ward, Kyoto
• 10:30~18:00 / 일요일 휴무
• 시내버스 호리카와나카다치우리 정류장에서 도보 5분

교토시청 앞

카페 코치

☎ 075-212-7411 <예약 불가> 👥 29석
• Kyoto, Nakagyo Ward, Fukunagacho,
  123 Kise Building 2층 / 12:00~18:00(L.O. 17:30)
※변동될 수 있음 / 수·목요일 휴무
• 지하철 교토시야쿠쇼마에역 8번 출구에서 도보 5분

아침 식사

다양한 맛이 한자리에!
하나만 선택할 수 없는
니시키의 맛

동서 390미터에 이르는
아케이드에 음식점
120여 개가 늘어서 있다.

부드럽고 자극하는...

SNS 감성을 자극하는
카이의 타코타마고

058 카이 櫂 KAI

밥반찬과 술안주로 안성맞춤인 진미나 후리카케(밥에 뿌려 먹는 조미료 가루) 등을 판매하는 가게. 작은 문어 머리에 메추리알을 넣은 타코타마고たこたまご小(소 500엔, 중 700엔, 대 900엔)는 절로 사진을 찍게 만드는 비주얼!

니시키 시장 카이

☎ 075-212-7829 <예약 불가> 없음
• Kyoto, Nakagyo Ward, Kajiyacho, 216
• 10:00~18:00 / 부정기 휴무
• 한큐 교토가와라마치역 9번 출구에서 도보 2분

색감이 다양한 교토의
절임 음식에 눈길이 간다

059 우치다 츠케모노 니시키코지점

打田漬物 錦小路店
/Uchida Tsukemono

밭의 품질 관리부터 시작할 만큼 엄선한 채소를 사용한다. 명물인 센마이즈케(순무 절임)는 교토의 겨울을 대표하는 절임 음식이다.

니시키 시장 우치다 츠케모노 니시키코지점

☎ 075-221-5609 <예약 가능> 없음
• 604-8125 Kyoto, Nakagyo Ward, Higashiuoyacho
• 구글맵에 Uchida Tsukemono 검색 / 연중무휴
• 09:30~18:00 / 지하철 시조역 14번 출구에서 도보 3분

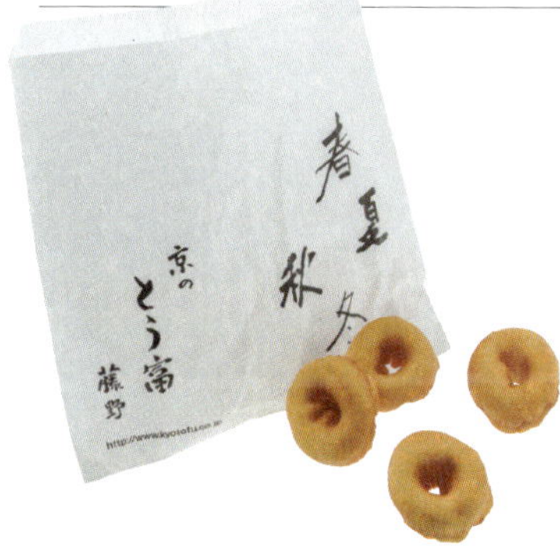

부드럽고 촉촉한
두유 도넛

060 곤나몬자 こんなもんじゃ

교토 두부 전문점으로 유명한 '교토후 후지노 京とうふ藤野'에서 만든 두유 도넛豆乳ドーナツ과 두유 소프트아이스크림豆乳ソフトクリーム이 인기다. 갓 만든 생 유바生湯葉도 반드시 맛보자.

니시키 시장 곤나몬자

☎ 075-255-3231 <예약 불가> 없음
• 494 Nakauoyacho, Nakagyo Ward, Kyoto
• 10:00~18:00 / 부정기 휴무
• 한큐 교토가와라마치역 14번 출구에서 도보 2분

DEEP KYOTO
여름 풍경 대결
전통의 강가 테라스 vs 트렌디한 루프톱 바
카와유카
Kawayuka
바
Bar

아름다운 풍경 속에서
맛있는 술과 음식에 취하다

교토의 대표 여름 풍경이라면 뭐니 뭐니 해도 강가에 마련된 테라스석 가와유카 川床. 5월부터 9월까지 가모가와 강과 기후네에 설치되는데 더위를 식히려는 사람들로 붐빈다.

교토 폰토초나 기야마치 일대에 아흔 곳이 넘는 가게에서 즐길 수 있는 가모가와 강변의 여름 테라스는 다양한 음식을 골라 먹을 수 있어서 즐거움을 더한다. 이곳을 대표하는 교토 전통 음식점이나 중국 요리점은 물론 캐주얼한 비스트로, 바, 카페 등에도 가와유카가 마련되어 있어 남녀노소 누구나 편하게 즐길 수 있다.

교토에서 제일가는 피서지이자 '교토의 안방'이라고도 불리는 기후네의 강가 테라스는 약 스무 곳 수준으로 소규모지만 기후네가와 강 바로 위에 설치되어 있다. 강물이 흐르는 소리를 감상하며 청량감을 생생하게 즐길 수 있는 점이 매력 포인트다.

한편 최근 새로운 감각의 피서 명소로 떠오르는 곳으로 루프톱 바가 있다. 교토 시내의 야경을 감상하며 술잔을 기울이는 시간은 그야말로 완벽하다. 일상에서 벗어난 듯한 고급스러운 공간 연출도 마음을 한껏 들뜨게 한다.

고전적인 운치가 넘치는 강가 테라스와 루프톱 바. 오늘 밤 당신의 선택은?

기후네 우겐타 貴船 右源太 / Kifune Ugenta

은어, 산천어 같은 제철 민물고기와 신선한 교토산 채소 등을 아낌없이 담아낸 가와도코 가이세키 요리川床懷石料理 9,900엔~(세금 및 봉사료 포함).

기후네　기후네 우겐타

- ☎ 075-741-2146 <완전 예약제>　🪑 100석
- 76 Kuramakibunecho, Sakyo Ward, Kyoto
- 11:30~, 14:00~ 2부제, 17:00~18:00 / 5~9월 무휴
- 에이덴 기부네구치역 앞에서 무료 셔틀버스 운행(예약 필수)

칵토 Kacto

푸짐한 양이 매력인 버터밀크 팬케이크 콤보 플레이트バターミルクパンケーキコンボプレート 2,300엔. 강가 풍경을 바라보며 먹으면 더욱 맛있다.

시조가와라마치　칵토

- ☎ 075-341-8787 <예약 가능>　🪑 38석
- 133 Saitocho, Shimogyo Ward, Kyoto
- 08:00~16:00(L.O. 15:00), 17:30~23:00(L.O. 22:00)
- 연중무휴 / 한큐 교토가와라마치역 1B 출구에서 도보 2분

시콘 루프톱 바 바이 노가 호텔
CICON ROOFTOP BAR by NOHGA HOTEL

투숙객이 아니어도 이용할 수 있는 루프톱 바. 교토의 야경을 더욱 아름답게 만들어 줄 칵테일이 마련되어 있다.

기요미즈고조　시콘 루프톱 바 바이 노가 호텔

- ☎ 075-323-7121 <예약 가능>　🪑 40석
- Kyoto, Higashiyama Ward, Gojobashihigashi, 4 Chome−450 1 NOHGAHOTEL 6층
- 15:00~24:00 / 연중무휴
- 게이한 기요미즈고조역 4번 출구에서 도보 7분

마 카페 マールカフェ / Mar Cafe

히가시야마의 절경을 한눈에 내려다볼 수 있는 옥상에서 열리는 여름 한정 비어 가든은 매년 많은 사랑을 받는 인기 행사다.

고조　마 카페

- ☎ 075-365-5161 <예약 가능>　🪑 90석
- Kyoto, Shimogyo Ward, Nishihashizumecho, 762 Kyoei Central Building 8층
- 11:30~23:00 / 연중무휴
- 게이한 기요미즈고조역 3번 출구에서 도보 4분

6대에 걸친 명가의 맛에 매료되다
미쉐린 가이드 3스타를 받은 명가만의 특별한 요리
대대로 전해 내려오는 맛과
정성 가득한 서비스 정신
수많은 유명 인사가 다녀간 입구.
내부 인테리어와 분위기에도 주목하자.

1. 2.

1. 하룻밤 재운 뒤 구운 옥돔 소금구이. 2. 명물 흰 된장 떡국. 코스는 런치 20,000엔 (세금 및 봉사료 별도), 디너 30,000엔(세금 및 봉사료 별도) 등. 3. 4. 오랜 역사를 간직한 건물에서 보내는 편안한 시간.

065

잇시소덴 나카무라 —子相伝 なかむら

분카분세이 시대(1804~1830년) 무렵에 와카사 지역의 해산물을 운반한 초대 와카사야 세베로부터 시작해 6대째인 현재까지 이어져 오고 있다. 2~3대째 때 귀족 가문에서 전수받은 명물 '흰 된장 떡국, 시로미소조니白味噌雑煮'는 일반 떡국과 달리 국물을 사용하지 않는 것이 나카무라만의 방식이다. 가게 지하에서 길어 올린 연수에 흰 된장을 풀어 완성한 떡국은 구운 떡의 고소한 맛을 살리고, 부드럽고 깊은 맛을 자랑한다. 노릇노릇하게 구운 옥돔 소금구이는 마지막에 다시마 육수를 부어 끝까지 깊은 맛을 즐겨보자.

가라스마오이케

잇시소덴 나카무라

☎ 075-221-5511 <예약 필수> 🪑 55석
• 136 Matsushitacho, Nakagyo Ward, Kyoto
• 12:00~13:00(마지막 입장), 17:00~19:00(마지막 입장)
• 부정기 휴무
• 지하철 교토시야쿠쇼마에역 4번 출구에서 도보 2분

점심 식사

300년 넘게 지켜온
전통의 맛

066

이모보 히라노야 본점 いもぼう 平野家本店

가게 이름으로 지을 정도로 이곳을 대표하는 명물인 '이모보 いもぼう'는 말린 대구를 일주일 동안 정성껏 불려 에비이모(교토산 전통 토란)와 함께 진하게 졸인 음식으로, 오직 이곳에서만 맛볼 수 있는 별미다. 바다와 먼 내륙 도시 교토에서 과거에 저장식으로 귀하게 여겼던 말린 대구의 맛을 현대에도 맛볼 수 있는 귀한 음식이다. 말린 대구의 감칠맛이 스며든 에비이모의 깊은 맛은 마음까지 따뜻하게 데워준다.

이모보 한상차림いもぼう御膳 2,750엔. 국과 기온 두부 등으로 구성되어 있다. 그 밖에도 다양한 이모보 세트 메뉴가 있다.

기온

이모보 히라노야 본점

☎ 075-561-1603 <예약 가능> 🪑 150석
- Kyoto, Higashiyama Ward, Gionmachi Kitagawa, 362
- 지은원 남문 앞 / 11:00~15:00, 17:00~20:00 / 연중무휴
- 게이한 기온시조역 7번 출구에서 도보 10분

067

야마바나 헤이하치자야 山ばな平八茶屋

덴쇼 시대(1573~1591년)에 문을 연 노포로서 현재 주인은 21대째다. 개업 이래 이어져 온 명물인 참마즙, 도로로지루とろろ汁는 에도 시대 서적에도 기록되어 있다. 교토 단바산 최고급 참마를 정성껏 갈아 특제 육수에 부드럽게 풀어내 보리밥에 부어 먹는 것이 전통 방식이다.

보리밥 참마 한상차림麦飯とろろ膳 4,400엔. 조림과 맑은 장국 등으로 구성된 메뉴. 보리밥은 보리와 궁합이 좋은 아사히마이(씹는 맛이 좋은 일본산 쌀 품종)로 짓는다.

야마바나 헤이하치자야

☎ 075-781-5008 <예약 가능> ♟ 170석
• 8-1 Yamabanakawagishicho, Sakyo Ward, Kyoto
• 11:30~15:00(L.O. 13:00), 17:00~21:30(L.O. 19:00)
• 수요일 휴무, 부정기 휴무 / 에이잔전철 슈가쿠인역에서 도보 5분

점심 식사

교토 전통 일식의 진수, 주목! **육수 만들기 라이브**

바로 앞에서 육수를 만들어 주는 진정한 일식을 만나는 곳

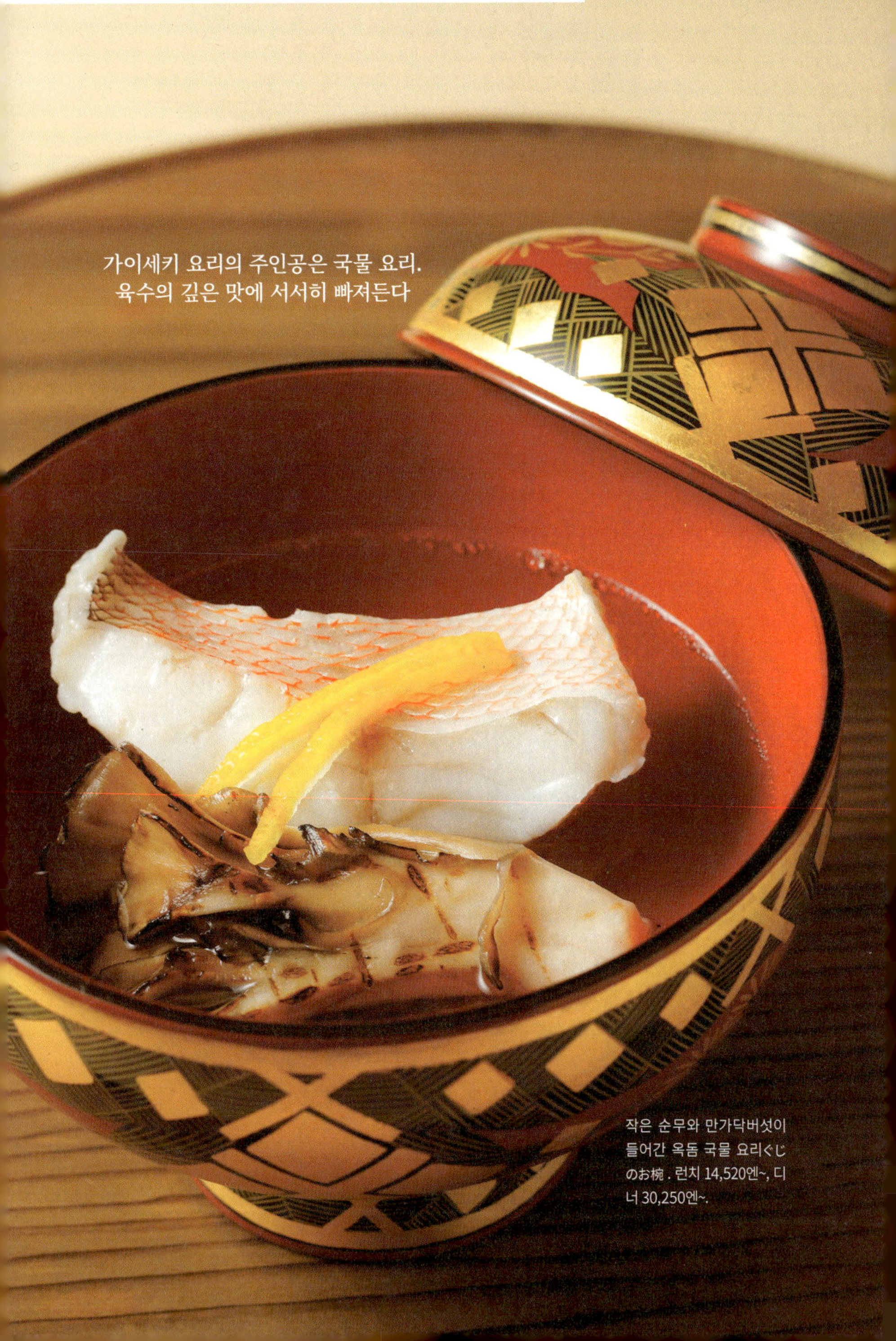

가이세키 요리의 주인공은 국물 요리.
육수의 깊은 맛에 서서히 빠져든다

작은 순무와 만가닥버섯이 들어간 옥돔 국물 요리ぐじのお椀 . 런치 14,520엔~, 디너 30,250엔~.

1.

2.

3.

1. 국물을 완성하는 키야마 셰프. 약 80℃인 다시마 육수에 갓 갈아낸 가다랑어포를 넣는다. **2.** 노송나무 통원목으로 제작된 카운터석. **3.** 성게 알젓 달걀 덮밥(우니타마지메돈雲丹玉じめ丼) 등 식사류는 서너 가지 중에서 선택할 수 있다.

068 키야마 木山

젊은 나이에 '교토 와쿠덴京都和久傳'의 주방장을 맡아 15년 동안 경험을 쌓은 뒤 독립한 셰프 키야마가 문을 연 식당. 개업 당시 양질의 지하수맥을 발견하면서 요리에 물이 중요하다는 사실을 다시 한번 실감했다고 한다. 아홉 가지에서 열 가지로 구성된 코스는 따뜻하게 데운 물로 시작된다. 그다음 전채요리, 소량의 맑은국, 회가 나온 후 메인 국물 요리의 육수를 바로 앞에서 끓이기 시작한다. 그 자리에서 깎아 내놓는 가고시마현 마쿠라자키산 아라부시(가다랑어를 삶고 훈제한 뒤 건조해 만든 것)와 가레부시(아라부시에 곰팡이를 발라 말린 것)를 음미하다 보면 마침내 깊은 맛을 간직한 메인 요리와 만나게 된다. 일본 음식은 육수가 생명이라는 참된 묘미를 깨닫게 하는 맛집이다.

고쇼미나미

키야마

☎ 075-256-4460 <예약 필수> 🪑 20석
• Kyoto, Nakagyo Ward, Kinuyacho, 136 1층
• 12:00~15:00(L.O. 13:00), 18:00~22:00(L.O. 19:30)
• 부정기 휴무 / 지하철 마루타마치역 5번 출구에서 도보 6분

069

기온 마메토라 祇をん 豆寅

돌길을 따라 교토의 운치가 흐르는 하나미코지도리 거리에 있는 옛 찻집을 개조한 마메자라요리(아기자기한 접시에 조금씩 담아낸 다양한 요리) 전문점. 대표 메뉴는 마메스시 한상차림豆すし膳(5,500엔, 점심 한정. 저녁은 마메스시 가이세키豆すし懷石 12,100엔~). 새우와 도미, 미부나(교토 미부시에서 나는 순무) 절임 등 열세 가지 초밥이 가지런히 담겨 시선을 사로잡는다. 한입에 먹을 수 있는 앙증맞은 크기의 초밥은 맛과 식감이 다양해서 마지막 하나까지 맛있게 즐길 수 있다. 작은 접시에 담긴 전채요리와 사이쿄야키(단맛이 나는 흰 된장인 교토의 사이쿄미소에 생선을 재운 뒤 구운 요리) 같은 구이, 국물 요리, 디저트가 세트로 구성되어 있다. 예약하기를 추천한다.

기온

기온 마메토라

☎ 075-532-3955 <예약 가능> 78석
- 570-235 Gionmachi Minamigawa, Higashiyama Ward, Kyoto
- 11:30~14:00(L.O.), 17:00~20:30(L.O.) / 연중무휴
- 게이한 기온시조역 6번 출구에서 도보 5분

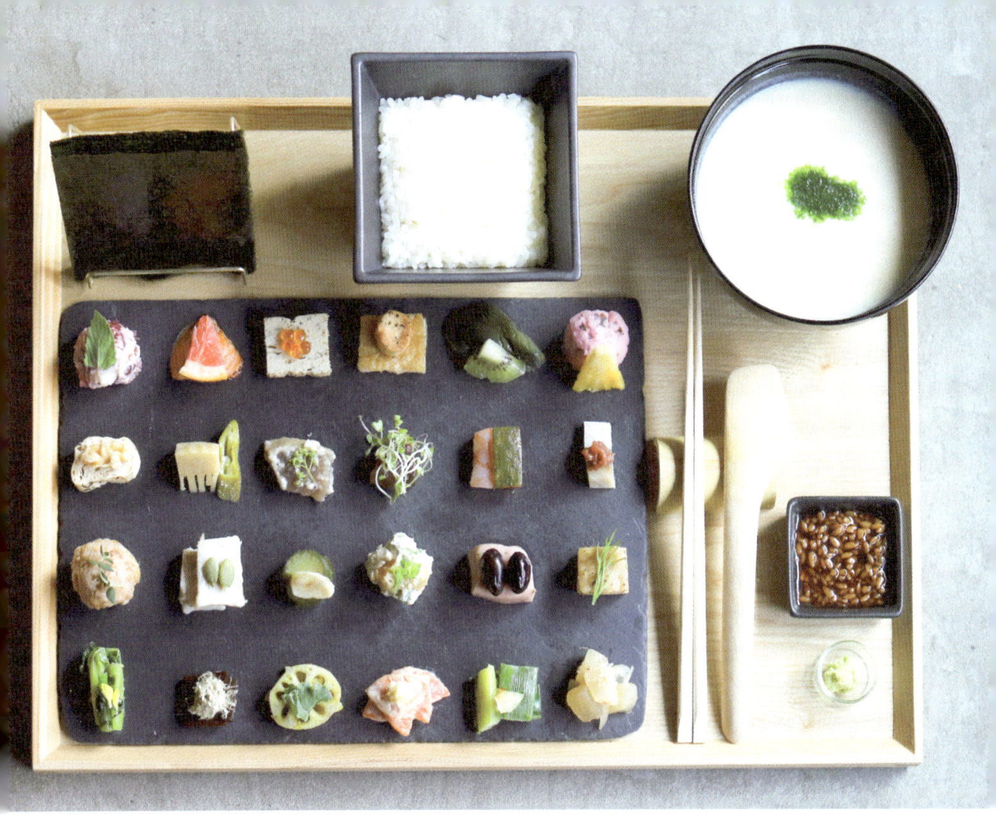

070

아움 가라스마 본점 AWOMB 烏丸本店

직접 만드는 재미가 있는 테오리스시 手織り寿し(3,960엔)는 초밥용 밥, 김과 함께 회와 제철 오반자이 등 약 마흔 가지 재료가 제공되며 원하는 조합으로 직접 만들어 먹는 방식이다. 다양한 조합으로 자신만의 맛을 만들 수 있다. 예술처럼 플레이팅된 초밥은 보기만 해도 기분이 좋아진다. 또 다른 대표 메뉴인 맛이 진한 흰 된장 푸딩, 시로미소푸딩 白みそぷりん(770엔)도 꼭 맛보자. 니시키야마치에도 매장이 있어서 각각 다른 스타일로 초밥을 맛볼 수 있다. 어느 지점이든 예약하는 편이 좋다.

시조카라스마

아움 가라스마 본점

☎ 050-3134-3003 <예약 가능> ♟ 28석
- 189 Ubayanagicho, Nakagyo Ward, Kyoto
- 11:30~14:00(L.O.), 17:30~20:00(L.O.)
- 연중무휴 / 지하철 시조역 22번 출구에서 도보 7분
- 2025까지만 운영 후 업태 변경

정식을 주문하면 혼자서도 다양한 오반자이(교토의 가정식 반찬 요리)를 맛볼 수 있다!

맛있는 채소
오반자이 플레이트

교토산 채소 오반자이
플레이트京野菜のおばん
ざいプレート 1,500엔

071

쇼쿠토모리 食と森/Shoku to Mori

환경을 생각해 음식물 쓰레기를 줄이려고 노력하는 오너의 마음이 담긴 건강에 좋은 원플레이트 런치가 인기다. 다이쇼 시대의 정취가 남아 있는 고풍스러운 공간에서 행복한 시간을 여유롭게 즐겨보자.

고조

쇼쿠토모리

☎ 080-4703-4028 <예약 가능>　🪑30석
• 605 Ebisumizucho, Shimogyo Ward, Kyoto
• 11:30~15:00(L.O. 14:30)
• 부정기 휴무 • 니시노토인쇼멘 정류장 앞

모닝 뷔페モーニングビュ
ッフェ 550엔

평소와는 조금 다른 채소를
만나는 시간

072

미야코야사이 카모
가라스마점 都野菜 賀茂 烏丸店

채소 소믈리에가 엄선한 교토산 채소를 계약 농가에서 구매해 아낌없이 넣어 만든 요리를 자랑한다. 줄지어 놓인 신선한 채소를 뷔페 형식으로 맛볼 수 있다. 조식은 40명 한정.

시조카라스마

미야코야사이
카모 가라스마점

☎ 075-351-2732(통화 가능 시간 15:00~18:00)
<예약 불가>　🪑67석
• Kyoto, Shimogyo Ward, Ogisakayacho, 276
• 08:00~9:15(L.O.), 10:30~15:30(L.O.),
　17:00~21:30(L.O.) (변경될 수 있음)
• 연중무휴 / 지하철 시조역 3번 출구에서 도보 2분

무지개빛 한상차림
虹色御膳 1,500엔

비건 요리를 부담 없이
맛볼 수 있는 카페

073

내추럴 푸드 빌리지
natural food Village

건강하면서도 맛있는 비건 요리를 지향한다. 무농약 채소와 콩을 듬뿍 넣은 런치 메뉴는 매일 바뀐다. '무지개빛 한상차림'은 현미밥에 영양 가득한 수프, 일곱 가지 반찬으로 구성된 든든한 한 끼다.

내추럴 푸드 빌리지

☎ 075-712-3372 <예약 가능> 🪑27석
- Kyoto, Sakyo Ward, Ichijoji Tsukidacho 95 Dai-ichi Maison Shirakawa 2층
- 12:00~15:00, 18:00~22:00
- 월요일 휴무, 일요일 저녁 휴무
- 에이잔전철 이치조지역에서 도보 8분

미야비 한상차림
雅ご膳 1,800엔

열두 가지 오반자이를
조금씩 맛보다

074

오반자이 노무라 니시키점
京菜味のむら 錦店

'교토', '채소', '건강'을 테마로 선보이는 오반자이. 미야비 한상차림은 유리그릇에 정갈하게 담은 열두 가지 오반자이에 눈까지 즐거워지는 인기 메뉴.

오반자이 노무라
니시키점

☎ 075-252-0831 <예약 가능> 🪑30석
- yoto, Nakagyo Ward, Masuyacho, 513
- 08:00~14:30(L.O.) / 연중무휴
- 한큐 교토가와라마치역 11번 출구에서 도보 1분

점심 식사

줄 서서 먹는 덮밥

갓 튀겨 만든 텐동부터 부드러운 오야코동에 스테이크 덮밥까지, 다양한 맛 총출동!

참기름에 튀겨
고소하고 큼직한 튀김

믹스 텐동 ミックス天丼
1,850엔

075 기온 덴푸라 텐슈

ぎおん 天ぷら 天周

기온 중심에 자리한 튀김 전문점. 부드러운 붕장어 두 마리와 큰 새우 한 마리가 들어간 믹스 텐동은 점심 한정 메뉴(예약 불가).

기온 기온 덴푸라 텐슈

☎ 075-561-0555 <예약 가능 ※점심은 불가> ☺ 20석
- 244 Gionmachi Kitagawa, Higashiyama Ward, Kyoto, 605-0073
- 11:00~14:00, 17:30~21:00 / 연중무휴
- 게이한 기온시조역 7번 출구에서 도보 2분

질 좋은 소 어깨살을
일본식 스테이크로

스테키동 ステーキ丼
3,000엔

076 하후우 본점

はふう 本店

정육점에서 시작된 고기 요리 전문점. 고소하게 구운 스테이크에 육수를 우려내 만든 일본식 양념과 참깨가 어우러진 고급 덮밥이다.

고쇼미나미 하후우 본점

☎ 075-257-1581 <예약 가능 ※점심은 불가> ☺ 36석
- 471-1 Sasayacho, Nakagyo Ward, Kyoto
- 11:30~13:30(L.O.), 17:30~21:30(L.O.)
- 수요일 휴무, 비정기 휴무 있음
- 지하철 교토시야쿠쇼마에역 3번 출구에서 도보 10분

육수와 달걀이 어우러져 만들어낸
부드럽고 촉촉한 식감

텐토지동 天とじ丼
1,750엔

077 교토 우동 키소바 오카키타

京うどん 生蕎麦 岡北

엄선한 재료로 우려낸 육수에 달걀을 듬뿍 푼 뒤 탱탱하고 커다란 자연산 새우튀김을 촉촉하게 덮은 별미.

오카자키 교토 우동 키소바 오카키타

☎ 075-771-4831 <예약 불가> ☺ 36석
- Kyoto, Sakyo Ward, Okazaki Minamigoshocho, 34
- 구글맵에 Kyoudon Kisoba Okakita 검색
- 11:00~17:00(L.O.) / 화·수요일 휴무
- 시내버스 오카자키코엔 도부쓰엔마에 정류장에서 도보 2분

닭고기와 구조네기를
촉촉한 달걀로 감싼 덮밥

오야코동親子丼 1,100엔

078 히사고 ひさご

다시마와 고등어포로 우려낸 육수에 달큰하게 간을 해
살짝 끓인 뒤 달걀 두 개로 덮었다. 산초 가루를 뿌려 먹
는 것이 교토식이다.

고다이지 주변　히사고

☎ 050-5485-8128 <예약 불가>　28석
• 484 Shimokawaracho, Higashiyama Ward, Kyoto
• 11:30~16:00 / 월요일(공휴일이면 다음날),
　금요일(공휴일이면 전날) 휴무
• 시내버스 히가시야마야스이 정류장에서 도보 3분

갓 만든 유바로 만든
따끈따끈한 앙카케 덮밥

유바고항ゆばご飯
1,650엔

079 유바센
기요미즈고조자카점

ゆば泉 清水五条坂店

매장 2층에서 직접 만드는 생 유바에 감칠맛 나는 육수
를 곁들인 앙카케(걸쭉한 소스를 끼얹은 요리) 덮밥. 콩
의 풍미와 단맛의 톡 쏘는 와사비가 절묘한 조화를 이
룬다.

기요미즈데라 주변　유바센 기요미즈고조자카점

☎ 075-541-8000 <예약 가능>　26석
• 6-583-113 Gojobashihigashi, Higashiyama Ward, Kyoto
• 11:00~14:30(L.O.)　※계절에 따라 변경될 수 있음
• 연중무휴 / 게이한 기요미즈고조역 4번 출구에서 도보 10분

두툼한 달걀지단으로
장어덮밥을 덮다!

긴시동(보통)きんし丼(並)
2,800엔

080 카네요

京極かねよ

비장탄으로 고소하게 구운 장어에 비법 소스를 발라
밥 위에 얹은 뒤 그 위를 달걀지단으로 덮은, 입맛을 사
로잡는 덮밥.

가와라마치　카네요

☎ 075-221-0669 <예약 가능>　40석
• 456 Matsugaecho, Nakagyo Ward, Kyoto
• 11:30~15:00(L.O.), 17:00~20:30(L.O.)
• 화요일 밤, 수요일 휴무
• 시내버스 가와라마치산조 정류장에서 도보 2분

교토 우동은 걸쭉한 국물과 육수가 생명

교토의 연수로 우려낸 육수는 그대로 먹어도, 앙카케로 즐겨도 완벽하다

놋페이のっぺい 1,160엔

081 교토 기온 오카루

京都祇園 おかる

달콤하고 짭짤하게 졸인 표고버섯과 달걀지단 등을 얹은 앙카케 우동에 다진 생강을 듬뿍 올렸다. 육수에 전분을 녹여서 더욱 깊은 맛이 난다.

기온 교토 기온 오카루

☎ 075-541-1001 <예약 불가> 🪑 40석
- Kyoto, Higashiyama Ward, 132 Tominaga-cho, Yasaka Shinchi Gion Okaru
- 11:00~15:00, 17:00~다음날 02:00
  (금·토요일은 다음날 02:30까지, 일요일은 점심만 영업)
- 연중무휴 / 게이한 기온시조역 7번 출구에서 도보 3분

가모 난바鴨なんば
1,450엔

082 미소카안 카와미치야

晦庵 河道屋

얇게 썬 오리고기와 파의 조화가 절묘한 난바(파를 넣은 면 요리). 점성이 있는 참마를 넣어 반죽한 쫄깃한 소바 면이 매력적이다. 진한 국물도 남김없이 즐기고 싶어진다.

교토시청 앞 미소카안 카와미치야

☎ 075-221-2525 <예약 가능> 🪑 70석
- Kyoto, Nakagyo Ward, Anedaitocho, 556-1
- 11:00~16:00(L.O. 15:30)
- 목요일 및 둘째·넷째 주 수요일 휴무
- 지하철 교토시야쿠쇼마에역 8번 출구에서 도보 2분

계란 우동けいらんうどん
1,200엔

083 교토 곤타로 시조 본점

京都 権太呂 四条本店

산해진미를 듬뿍 넣어 끓인 우동스키 '곤타로나베権太呂なべ'가 유명하다. 걸쭉한 육수에 달걀을 풀고 다진 생강을 곁들인다.

가와라마치 교토 곤타로 시조 본점

☎ 075-221-5810 <예약 불가> 🪑60석
- Kyoto, Nakagyo Ward, Masuyacho 521
- 11:00~21:00(L.O.) / 수요일 휴무(공휴일인 경우 영업)
- 지하철 시조역 11번 출구에서 도보 3분

파(네기) 우동ねぎうどん
1,500엔

084 기온 요로즈야 祇をん 萬屋

이곳의 명물인 파(네기) 우동은 토핑도 다양하다. 파는 면과 잘 어우러지도록 얇게 썰었으며, 육수의 잔열로 단맛이 서서히 배어 나온다.

기온 기온 요로즈야

☎ 075-551-3409 <예약 불가> 🍴14석
• 555-1 Komatsucho, Higashiyama Ward, Kyoto, 605-0811
• 구글맵에 Gion Yorozuya 검색
• 12:00~19:00(L.O. 18:40), 일요일 및 공휴일은 ~16:00 (L.O. 15:30) ※15:00~17:30은 브레이크 타임
• 부정기 휴무 • 게이한 기온시조역 6번 출구에서 도보 3분

교슌기쿠텐京春菊天 800엔
(온센타마고温泉玉子+100엔)
※ 겨울, 봄 한정메뉴

085 스바 suba

'숯불 닭구이 소리레스Sot-l'y-laisse' 등으로 유명한 오너가 운영하는 스탠딩 소바 가게. 메뉴는 군더더기 없이 소바 약 열 가지와 주먹밥뿐이다.

기요미즈고조 스바

☎ 075-708-5623 <예약 불가> 🍴20석
• Kyoto, Shimogyo Ward, Minoyacho 182-10
• 12:00~23:00(L.O. 22:30)
• 부정기 휴무
• 게이한 기요미즈고조역 3번 출구에서 도보 7분

청어(니신) 소바にしんそば
1,870엔

086 소혼케니신소바 마츠바 본점

総本家にしんそば 松葉本店

교토의 대표 음식 중 하나인 청어(니신) 소바가 탄생한 곳. 육수를 부어 가며 끓이고, 알맞게 졸인 달콤하고 짭짤한 청어를 면으로 덮은 뒤 육수의 잔열로 데워서 촉촉한 식감을 선사한다.

기온 소혼케니신소바 마츠바 본점

☎ 075-561-1451 <예약 불가> 🍴130석
• 605-0075 Kyoto, Higashiyama Ward, 192 Kawabatacho, 시조오하시 다리 동쪽(四条大橋東入ル川端町)
• 구글맵에 Matsuba Main Store 검색
• 10:30~21:00 / 수요일 휴무
• 게이한 기온시조역 6번 출구에서 도보 1분

점심 식사

명가 출신
오너가 맞이하는
마음이 편안해지는
미식 공간

디너 오마카세ディナーの
おまかせ(5,500엔)는 전채
요리, 회, 국물 요리 세 가
지로 구성.

조리 과정을 바로 앞에서 볼 수 있는 카운터석이 인기. 테이블석은 봉사료 5% 추가.

1. 고등어 초밥, 사바즈시鯖寿司(1,400엔)는 겉을 살짝 구운 아부리 스타일이며 구운 김에 싸서 먹는다. 한 세트(6,600엔)는 포장 구매도 된다. **2.** 엄선한 사케를 다양하게 판매한다.

087

일본 요리와 사케 사토시 日本料理と日本酒 惠史

유명 고급 음식점 '와쿠덴和久傳'에서 17년 동안 경험을 쌓은 후 독립한 오너 셰프가 문을 연 맛집. 삼나무 통원목으로 만든 카운터석과 테이블 하나가 놓인 공간은 골동품과 앤티크 소품들이 조화를 이루며 차분한 분위기를 자아낸다. 디너 오마카세ディナーのおまかせ는 우선 세 가지 요리가 제공되며 그 후 취향에 따라 단품을 추가하는 방식이 인기가 많다. 단품은 제철 해산물과 채소를 숯불에 구운 요리와 고등어 초밥 등이 특히 인기가 많다. 오너가 엄선한 전국 각지의 사케를 요리와 페어링해 즐길 수 있다.

호리카와오이케

일본 요리와 사케 사토시

☎ 075-708-6321 <예약 가능> 🪑 11석
• 471-2 Miyakicho, Nakagyo Ward, Kyoto 604-8275
• 12:00~14:00(예약자 한정), 17:30~23:00 / 부정기 휴무
• 지하철 가라스마오이케역 4번 출구에서 도보 7분

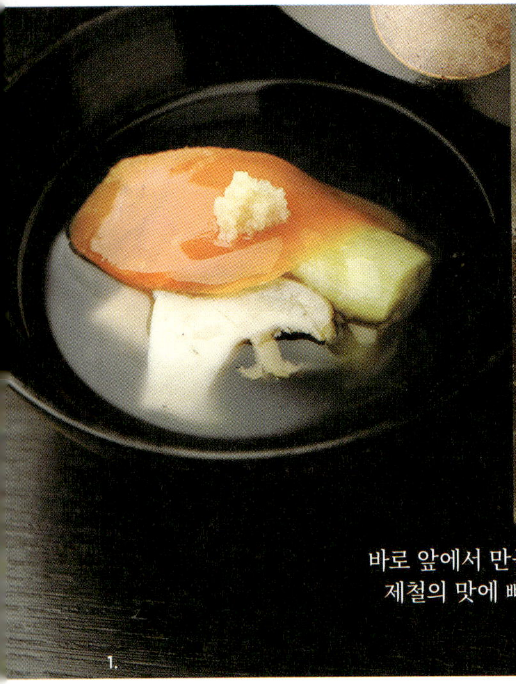

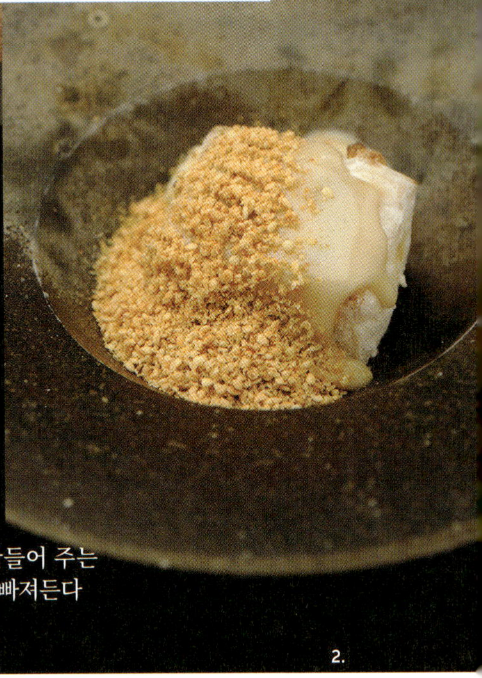

바로 앞에서 만들어 주는
제철의 맛에 빠져든다

1.

2.

088

지키미야자와 じき宮ざわ

세련된 공간에 카운터석 열 개만 운영한다. 셰프의 정성
이 담긴 손길을 바로 앞에서 지켜보며 맛을 즐길 수 있어
특별하다. 총 여섯 가지 요리로 구성된 런치 코스昼コース
(6,600엔)는 구운 참깨 두부와 갓 지은 밥을 세 단계로 나
누어 제공하며, 맛의 변화를 즐길 수 있는 명물 메뉴와 제
철 재료를 조합해 만든다.

그릇도 센스가 넘친다!

1. 진한 육수에 감탄이 절로
나오는 국물 요리. **2.** 크리미
하고 진한 구운 참깨 두부.

시조카라스마

지키미야자와

☎ 075-213-1326 <예약 필수> 👤 10석
• 553-1 Yaoyacho, Nakagyo Ward, Kyoto
• 12:00~13:45(마지막 입장), 18:00~20:00(마지막 입장)
• 수요일 휴무, 부정기 휴무
• 한큐 가라스마역 14번 출구 앞

교토 토박이 오너 셰프가 선보이는
우아한 교토 요리

1.

2.

089

기온 니시카와 祇園にしかわ

시모가와라도리 골목에 자리한 우아한 스키야즈쿠리(다실풍으로 지은 건물) 양식의 교토 요리 전문점. 디자인을 담은 공간이 일상에서 벗어난 기분을 선사한다. 30,000 엔부터 시작하는 디너는 특별한 날에 어울리고, 12,650 엔부터 시작하는 런치 가이세키昼懐石는 비교적 합리적인 가격에 즐길 수 있다. 정성 가득한 맛을 카운터석에서 여유롭게 음미해 보자.

3.

1. 3. 엄선한 재료에 위트를 더해 완성한 가이세키 요리. 2. 마무리는 뚝배기 밥으로.

기온

기온 니시카와

CARD ※밤에만 가능

☎ 075-525-1776 <예약 필수> 👥 27석
• Kyoto, Higashiyama Ward, Shimokawaracho, 473
• 구글맵에 Gion Nishikawa 검색
• 12:00(동시에 시작)~15:00(영업 종료), 18:30(동시에 시작)~20:00
• 일요일 휴무(공휴일인 경우 다음날 휴무), 월요일 점심 휴무
• 시내버스 히가시야마야스이 정류장에서 도보 3분

불필요한 것을 덜어낸
고급 재료 본연의 우아한 맛

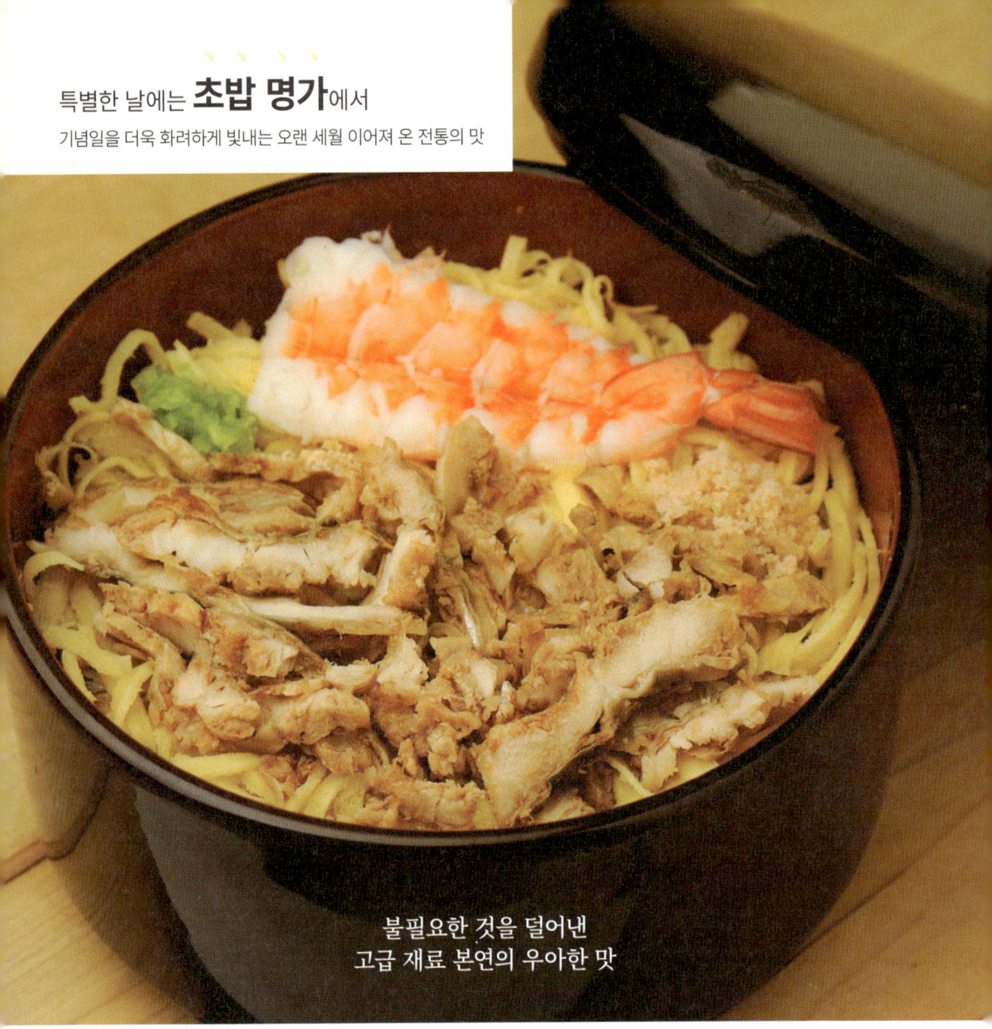

명물 지라시즈시名代ちらし寿し 2,200엔.
달큰하게 초양념한 밥에 잘게 자른 김과 표고버섯, 박고지를 섞었다.

090

히사고즈시 가와라마치 본점

ひさご寿し 河原町本店

1950년(쇼와 25년)에 개업한 초밥 전문점으로 초대부터 이어져 온 지라시즈시(초양념한 밥에 다양한 재료를 흩뿌려 얹은 초밥)가 유명하다. 겉보기에는 화려하지 않지만 붕장어구이, 잘게 다진 새우, 표고버섯 등 재료 본연의 맛을 정성스럽게 살린 양념이 먹는 이의 입맛을 사로잡는다.

가와라마치

히사고즈시
가와라마치 본점

☎ 075-221-5409 <예약 가능> ♟54석
• 344-3 Shioyacho, Nakagyo Ward, Kyoto
• 09:30~21:00 ※홈페이지 확인할 것
• 수요일 휴무
• 한큐 교토가와라마치역 4번 출구에서 도보 2분

고등어 초밥, 사바즈시鯖寿司
1인분 3,102엔. 입 안 가득 퍼
지는 고등어의 진한 풍미.

**100년 넘은
고등어 초밥 맛집**

091

이즈쥬 いづ重

메이지 말기에 교토 초밥의 명가 이즈우 いづう에
서 분가해 문을 연 초밥 전문점. 아궁이에서 지은
초양념 밥과 홋카이도산 다시마, 쓰시마산 고등어
가 절묘한 조화를 이룬다. 상큼한 유자향이 나는
유부초밥, 이나리스시 いなり寿司(5개 1,045엔, 포장
은 1,026엔) 등도 인기가 많다.

기온

이즈쥬

☎ 075-561-0019 <예약 불가> ♟20석
• 292-1 Gionmachi Kitagawa, Higashiyama
  Ward, Kyoto, 605-0073
• 10:30~18:00 / 수·목요일 휴무
• 게이한 기온시조역 7번 출구에서 도보 10분

092　스시 오토와 寿司乙羽

메이지 중기에 문을 연 유서 깊은 초밥 전문점으로
일본산 붕장어를 아낌없이 넣어 찐 초밥 무시즈시
むしずし(1,650엔)가 유명하다. 자체 비법으로 촉촉
하게 익힌 붕장어에 가늘게 썬 지단을 덮었다. 은
은하게 퍼지는 식초 향이 식욕을 자극한다.

신쿄고쿠

스시 오토와

☎ 075-221-2412 <성수기 제외하고 예약 가능> ♟40석
• 604-8042 Kyoto, Nakagyo Ward, Nakanocho, 565
• 구글맵에 Sushi Otowa Kyoto 검색
• 11:00~20:00 / 월요일 휴무
• 한큐 교토가와라마치역 9번 출구 앞

**겨울철 교토의 별미는
따끈따끈하게 찐 무시즈시**

점
심
식
사

가격에 따라 선택하는 맛의 보물 상자 **교토 도시락**

작은 상자에 담긴 교토의 맛. 가격과 양에 따라 골라보자

093

교토 요리 기노부
京料理 木乃婦

1935년(쇼와 10년)에 문을 연 유서 깊은 도시락 전문점이 평일 점심에만 선보이는 락쿠추벤토洛中弁当(6,600엔, 봉사료 별도). 제철 재료를 담은 핫슨(소량의 요리를 다양하게 담아낸 요리) 등은 시니어 소믈리에 자격을 보유한 3대째 오너의 고심이 엿보인다.

전통에서 벗어나
새롭게 탄생한 교토 요리

시조카라스마
교토 요리 기노부

☎ 075-352-0001 <예약 필수> 🪑 110석
- 416 Iwatoyamacho, Shimogyo Ward, Kyoto, 600-8445
- 12:00~13:30(L.O.), 18:00~19:30(L.O.)
- 수요일 휴무
- 지하철 시조역 6번 출구에서 도보 5분

인간문화재가 만든 원형
나무 그릇에 계절의 맛을 가득 담다

094

교토 요리 로쿠세이
京料理 六盛

메이지 시대에 문을 연 이래 단일 매장을 고수하는 교토 요리 전문점의 대표 메뉴는 손잡이가 달린 원형 나무 그릇에 밥과 열여덟 가지나 되는 요리를 담은 테오케벤토手をけ弁当(4,000엔, 세금 및 봉사료 포함). 나무 그릇은 목공예 분야 인간문화재 나카가와 기요쓰구의 작품이다.

오카자키
교토 요리 로쿠세이

☎ 075-751-6171 <예약 가능 ※디너는 예약 필수> 🪑 250석
- 71 Okazaki Nishitennocho, Sakyo Ward, Kyoto, 606-8341
- 11:30~14:00, 17:00~21:00
  (토·일요일, 공휴일은 11:30~21:00)
- 월요일 휴무 • 지하철 히가시야마역 1번 출구에서 도보 10분

합리적인 가격에 즐기는
따뜻한 정통 일본 가정식

1,500엔

095

데마치 로로로 出町ろろろ

여성 고객을 중심으로 인기를 끌고 있는 일
본 가정식 식당. 대표 런치 메뉴인 로로로벤
토ろろろ弁当(1,400엔)는 총 2단 구성이며 1단
은 채소 가득한 여덟 가지 반찬, 2단은 밥과
달걀말이로 구성된 균형 잡힌 메뉴다.

데마치 로로로

☎ 075-213-2772 <예약 가능> 🪑13석
• 67-1 Isshincho, Kamigyo Ward, Kyoto
• 화~목요일은 11:30~품절 시 종료,
  금요일은 11:30~13:30(L.O.), 18:30~19:30(L.O.),
  토·일요일은 11:30~13:30(L.O.), 18:00~19:30(L.O.)
• 월요일 및 둘째·넷째 주 일요일 휴무
• 게이한 데마치야나기역 5번 출구에서 도보 10분

사흘 동안 푹 끓여 뼈까지
부드러운 고등어 조림

096

이마이 쇼쿠도 今井食堂

가미가모 신사 근처에 자리 잡은 뒤
50년간 이어온 양념장으로 정성껏
조린 고등어 조림 도시락, 사바니벤
토さば煮弁当(780엔)를 판매한다. 양
념의 깊고 풍부한 향과 고등어의 진
한 맛에 푹 빠진 팬이 많다.

1,000엔

이마이 쇼쿠도

☎ 075-791-6780 <포장만 예약 가능> 🪑 9석
• 2 Kamigamo Misonoguchicho, Kita Ward, Kyoto
• 11:00~13:30(L.O.) / 수요일 휴무
• 시내버스 가미가모진자마에 정류장 앞

후시미의 사케 양조장이 선보이는
술지게미를 색다르게 즐기는 방법

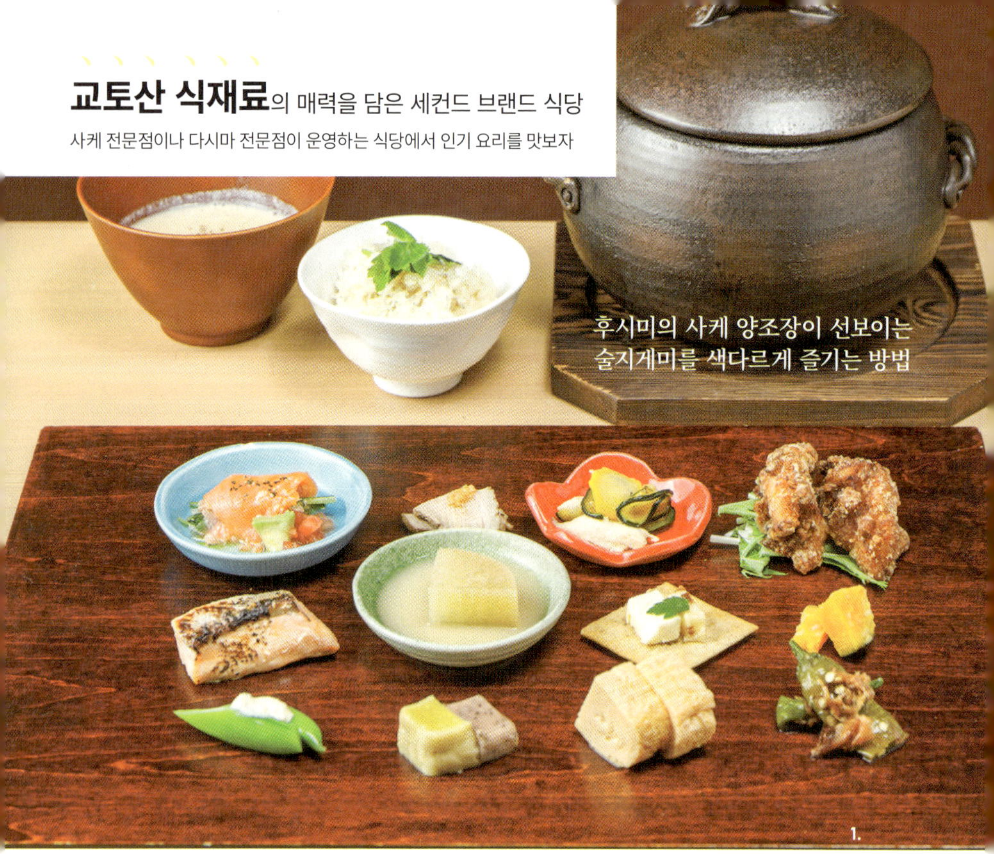

097

준마이사케카스 타마노히카리

純米酒粕 玉乃光

후시미의 '타마노히카리 주조'에서 직접 운영하는 레스토랑&
숍. 쌀과 쌀누룩만으로 만든 술지게미인 '준마이사케카스'를
사용한 요리로 구성한 플레이트 런치가 인기다. 술지게미 건포
도 버터&술지게미 크림치즈 등 열두 가지 반찬과 다키코미밥
(고기, 채소, 생선 등 다양한 재료를 섞어 지은 밥), 술지게미 포타
주가 포함된 만족스러운 메뉴다.

1. 술지게미를 즐길 수 있는 플
레이트 런치プレートランチ
(3,000엔)는 계절마다 구성이
달라진다. 2. 건물은 과거 장롱
을 제작 유통하던 100년 된 전
통 가옥이다. 쌀과 쌀누룩만으
로 만드는 준마이 다이긴조(정
미율이 50% 이하인 고급 사케),
준마이 긴조(정미율이 60% 이
하인 사케)도 맛볼 수 있다.

시조카라스마

준마이사케카스
타마노히카리

☎ 075-352-1673 <예약 가능> 🍴 64석
• 658-1 Inabadocho, Shimogyo Ward, Kyoto
• 11:30~15:00, 17:00~22:00 / 연중무휴
• 지하철 시조역 5번 출구에서 도보 3분

유서 깊은 다시마 전문점이 선보이는
새로운 다시마 요리

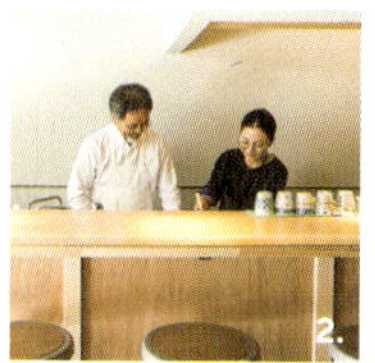

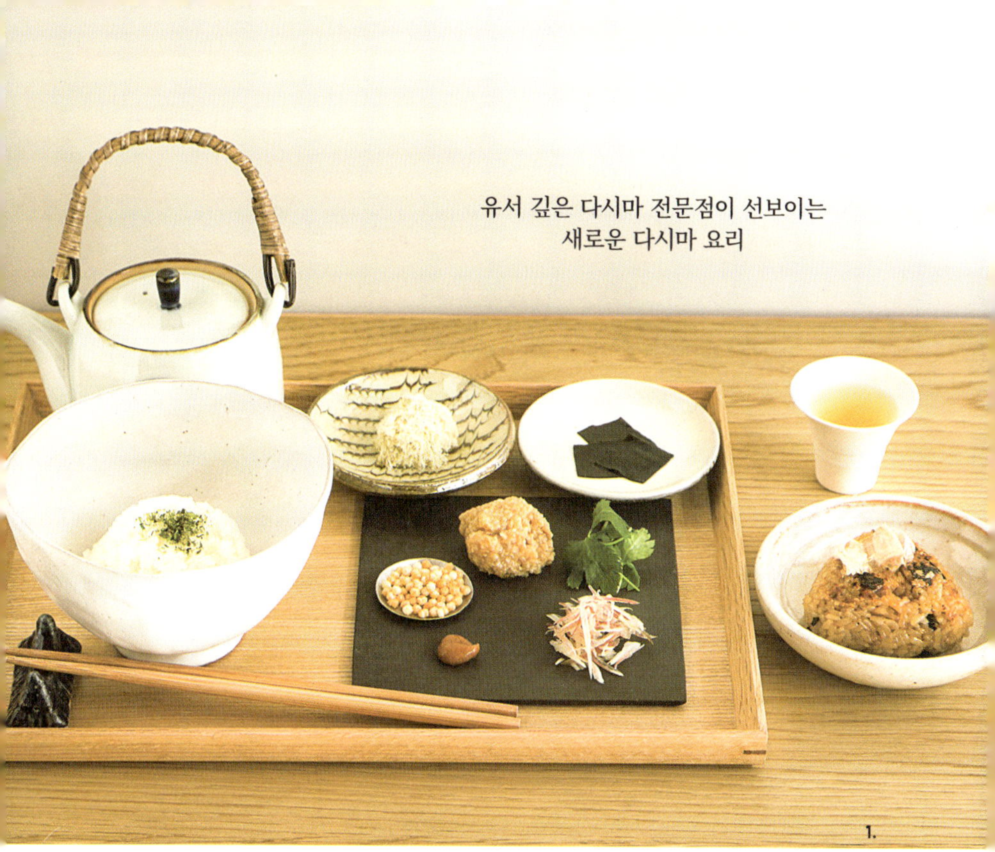

1.

098

오코부 기타세 おこぶ北清

1912년(메이지 45년)에 문을 연 '기타세콘부きたせ昆布'가 매장 바로 옆에서 직접 운영하는 식당. 여러 가지 다시마를 요리에 따라 구분해 사용하기 때문에 국물이나 다시마 본연의 맛을 다양하게 즐길 수 있다. 다시마를 넣은 감자샐러드나 포토퓌 등 단품 요리를 판매하고 후시미를 비롯한 다양한 지역의 사케도 많다. 오너가 풀어내는 다시마 이야기도 매력적이다.

2.

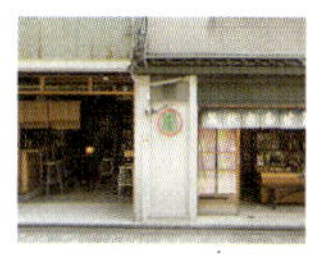

1. 오코부의 다시차즈케 정식おこぶの出汁茶漬け定食 1,200엔. 다시마 육수를 밥이나 구운 주먹밥에 끼얹어 먹는다. 토핑도 취향에 맞게 골라보자. **2.** 카운터석과 좌식 다다미석이 있다.

주쇼지마

오코부 기타세

CARD

☎ 075-601-4528 <예약 가능 ※평일 점심은 예약 필수> 15석
- 4-52 Minamishinchi, Fushimi Ward, Kyoto
- 18:00~22:00(L.O.), 토·일요일, 공휴일은 12:00~
- 월요일 휴무 / 게이한 주쇼지마역 앞

콩 본연의 풍미가 가득한
전통 두부의 깊은 맛에 감탄이 나온다

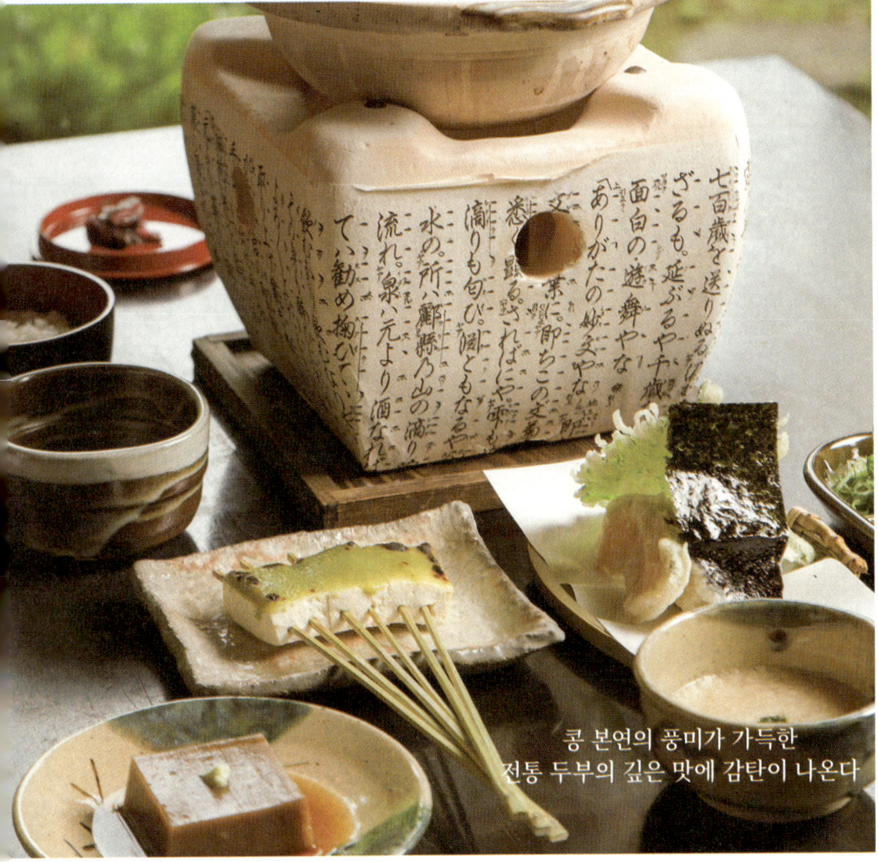

전통 두부 한상차림, 무카시 도후 히토토리昔どうふ一通り 4,400엔. 유도후*, 기노메덴카쿠
(산초나무의 순을 으깨어 섞은 된장을 발라 구운 두부 요리), 채소튀김 등을 맛볼 수 있다.
* 유도후(湯豆腐): 뜨거운 육수에 두부를 익혀 먹는 교토 대표 음식

099

소혼케 유도후
오쿠탄 키요미즈

総本家 ゆどうふ 奥丹清水

에도 시대 초기에 개업한 이래 약 400년 동
안 전통적인 제조법을 고수하고 있다. 천연
간수로 만든 전통 두부는 콩의 풍미와 단맛
을 잘 살려 깊은 맛이 난다. 육백 평 넓이의
정원을 감상하며 맛보자.

기요미즈데라 주변

소혼케 유도후
오쿠탄 키요미즈

☎ 075-525-2051 <예약 가능> 🪑120석
• 3 Chome-340 Kiyomizu, Higashiyama Ward, Kyoto
• 11:00~16:00(L.O.),
  토·일요일, 공휴일은 ~17:00(L.O.)/ 목요일 휴무
• 시내버스 기요미즈미치 정류장에서 도보 6분

마쓰가에松ヶ枝 2,430엔. 취향에 맞게 참깨 폰즈소스나 소금을 찍어 먹자.

100
두부 요리 마쓰가에
豆腐料理 松ヶ枝

대표 메뉴는 일본산 콩으로 직접 만든 메밀 두부와 우지 말차를 더한 말차 두부를 격자무늬로 플레이팅한 유도후. 참깨 폰즈소스에 찍어 먹기를 추천한다.

아라시야마

두부 요리 마쓰가에

☎ 075-601-4528 <예약 가능 ※평일 점심은 예약 필수> ♨ 15석
• 3 Sagatenryuji Susukinobabacho, Ukyo Ward, Kyoto
• 11:00~16:30(L.O.), 성수기는 10:30~
※ 계절에 따라 변경될 수 있음(사전 문의 필수)
• 연중무휴 / 한큐 아라시야마역에서 도보 7분

101
난젠지 준세이
南禅寺 順正

난젠지 참배길에 있는 유도후와 교토 가이세키 전문점. 코스는 입 안에서 부드럽게 녹는 유도후를 비롯해 두부 산적과 참깨 두부 등을 맛볼 수 있다.

난젠지 주변

난젠지 준세이

☎ 075-761-2311 <예약 가능> ♨250석
• 60 Nanzenji Kusakawacho, Sakyo Ward, Kyoto
• 11:00~15:30(L.O. 14:30), 17:00~21:00(L.O. 19:00) / 부정기 휴무
•지하철 게아게역 1번 출구에서 도보 6분

유도후 코스 '하나花' 3,630엔. 두부에 유자를 곁들인다.

절에서 맛보는 런치는 어때요?

유명한 절에서 불교의 가르침이 깃든 쇼진요리와 후차요리를 음미하자

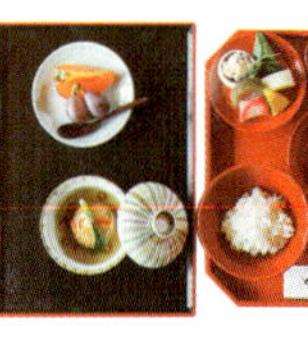

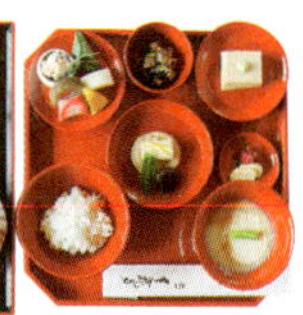

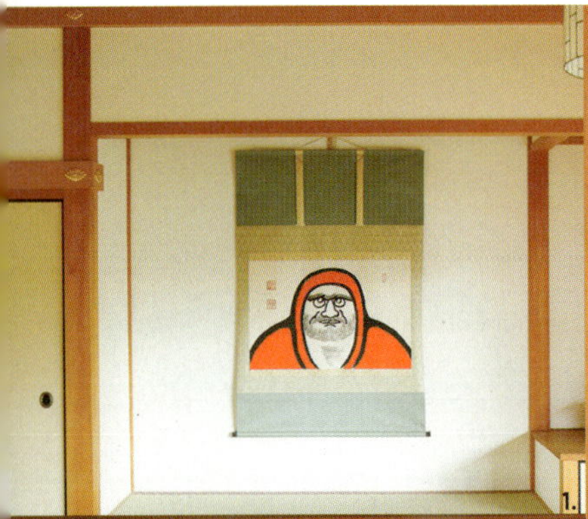
1.

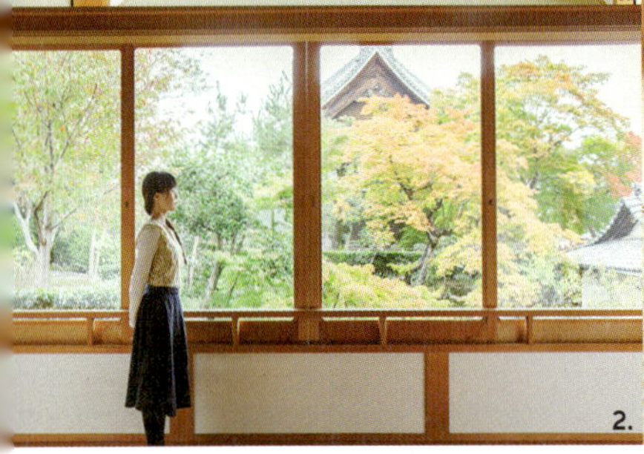
2.

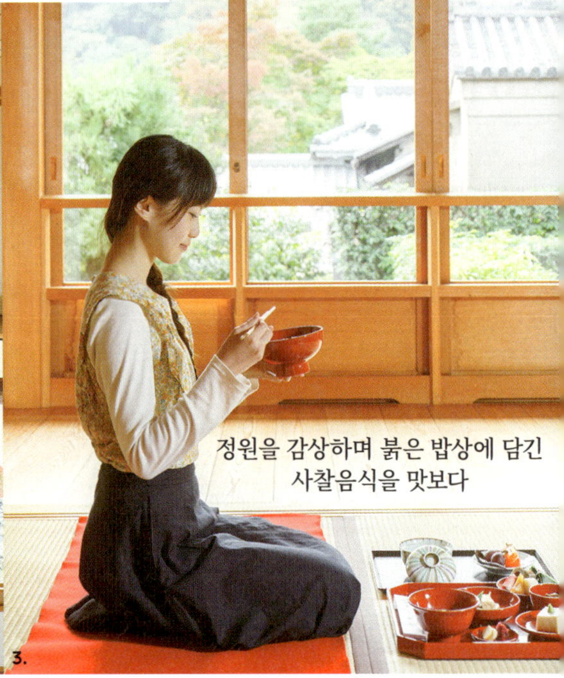
정원을 감상하며 붉은 밥상에 담긴
사찰음식을 맛보다
3.

* 쇼진요리: 육류를 사용하지 않고 채식으로만 만드는 일본의 사찰요리
* 후차요리: 에도 시대 초기에 중국 선종의 한 갈래인 황벽종에서 유래한 중국식 일본 사찰요리

102

텐류지 시게쓰 天龍寺 篩月

소겐치 정원과 법당에 그려진 운룡도 등 볼거리가 풍성한 텐류지 안에 있는 사찰요리 전문점. 제철 채소, 유바, 산나물 등 채식 요리가 가득하다. 먹는 것도 수행이라고 생각하는 선종 특유의 재료 본연의 맛을 살린 요리를 즐겨보자.

\ 이런 구성이에요 /

1. 선종의 창시자 달마대사의 초상화 **2.** 창밖으로 텐류지의 본당이 보인다. **3.** 쇼진요리로 구성된 유키 코스雪コース 3,800엔

※입장료 별도 500엔 필요.

아라시야마

텐류지 시게쓰

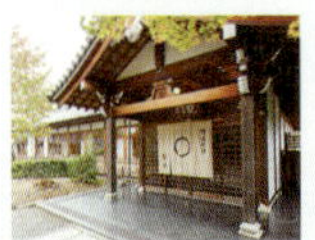

☎ 075-882-9725 <예약 필수> 250석

- Kyoto, Ukyo Ward, Sagatenryuji Susukinobabacho, 68
- 구글맵에 Tenryūji Shigetsu 검색
- 11:00~14:00
- 연중무휴 / 란덴 아라시야마역 앞

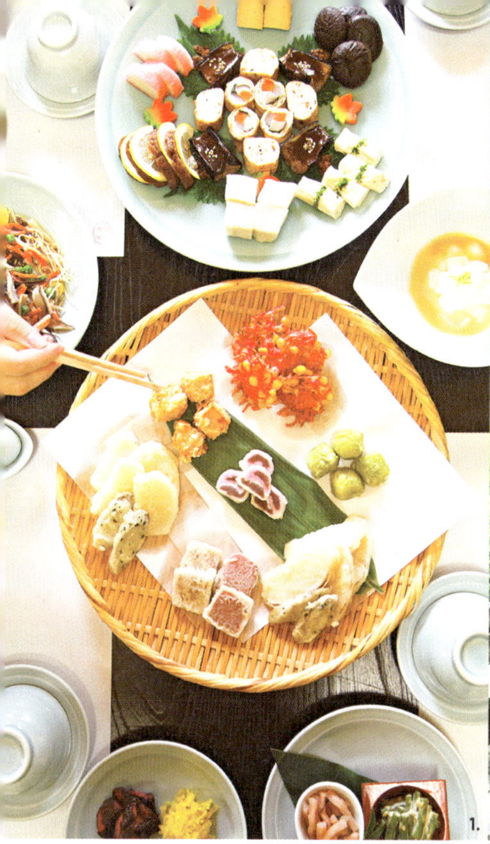

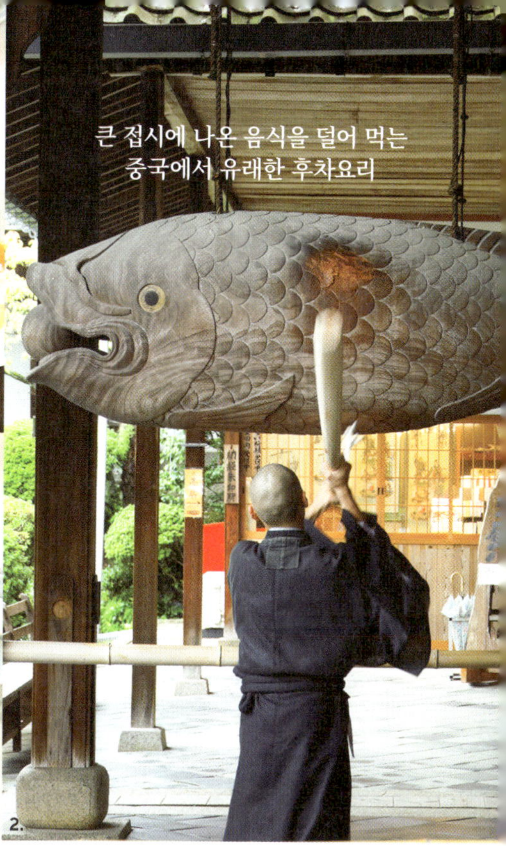

※후차요리

103

오바쿠산 만푸쿠지 黄檗山 萬福寺

중국의 은원융기 선사가 에도 시대에 창건한 오바쿠산 만푸쿠지에서 중국식 사찰요리인 후차요리를 맛볼 수 있다. 채식 재료를 고기나 생선처럼 만드는 '모도키' 기법을 사용했으며, 큰 접시에 나온 음식을 여러 명이 나눠 먹는 중국식이다. 평소 만나기 어려운 독특한 채식 요리를 경험할 수 있다.

1. 특별 후차요리 特別普茶料理 6,600엔~(2인 이상), 후차 도시락(벤토) 普茶弁当 3,300엔. 모두 예약 필수. 2. 물고기 모양 목탁인 목어를 일본에 전한 인물도 은원 선사. 목어의 크고 묵직한 울림이 경내에 울려 퍼진다.

우지

오바쿠산 만푸쿠지

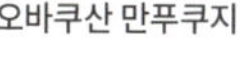

☎ 0774-32-3900 <예약 필수> 🪑 100석
- Kyoto, Uji, Gokasho, Sanbanwari-34
- 구글맵에 Manpuku-ji Temple, Obaku Mountain 검색
- 11:30~13:00(사찰 09:00~17:00) / 월·화요일 휴무(사찰은 부정기 휴무)
- JR 오바쿠역에서 도보 5분

점심 식사

유바 전골 코스 요리에서 맛볼 수 있는 특별한 식감

교토에서 꼭 먹어야 할 별미 유바(두유를 끓일 때 표면에 생기는 얇은 막을 걷어낸 음식).
입에서 살살 녹는 맛을 직접 느껴보자.

1. 유바 한상차림 ゆば尽くし膳 3,800엔~. 유바를 회처럼 만든 요리와 두유 푸딩이 여성 고객에게 인기다. **2.** 카운터석 아홉 개만 있는 매장은 특별한 느낌을 자아낸다.

104

교유바도코로 세이케 니조조점

京ゆば処 静家 二条城店

맑은 공기와 깨끗한 물이 풍부한 교토 북부 미야마에 본점을 둔 유바 요리 전문점. 미야마의 물과 일본산 콩으로 만든 두유로 완성한 유바가 유명하다. 인기가 많은 유바 한상차림은 런치와 디너 메뉴가 있으며 각 3코스로 구성된다. 갓 떠낸 부드러운 유바부터 생 유바 회, 유바 스테이크, 조림 요리 등 유바를 다양한 스타일로 즐길 수 있다. 그중에서도 귀한 쓰마미 유바(두유를 끓였을 때 표면에 생기는 유바를 젓가락으로 건져 먹는 고급 유바)를 부드럽게 졸인 뒤 건져서 폰즈소스에 찍어 먹는 '유바 전골', 유바니나베ゆば煮鍋는 이곳에서만 맛볼 수 있는 별미. 몸과 마음을 모두 만족시키는 유바 요리에 빠져보자.

니조성 주변

교유바도코로 세이케 니조조점

☎ 075-813-1517 <예약 가능 ※디너는 예약 필수>

🪑 9석(카운터석)

• Kyoto, Nakagyo Ward, Daimonjicho, 233-4
• 11:30~14:30(L.O.), 17:00~21:30(L.O. 19:30)
• 부정기 휴무
• 지하철 니조조마에역 3번 출구 앞

점심 식사

도리다쿠鶏だく
1,100엔

깊고 진한
단 하나뿐인 닭 육수

105

멘야 곳케이 麺屋 極鶏

교토 이치조지의 라멘 거리에서 최고 인기를 자랑하는 라멘집. 닭 육수의 깊은 맛이 가득 담긴 비법 국물은 포타주가 부럽지 않을 정도로 진해서 마시는 것이 아니라 특별 주문한 면에 걸쭉하게 묻혀 먹는 편에 가깝다. 끝맛은 의외로 깔끔하다.

이치조지
멘야 곳케이

☎ 075-711-3133 <예약 불가> 🍴 20석
• 29-7 Ichijoji Nishitojikawaracho, Sakyo Ward, Kyoto
• 11:30~22:00 / 월요일 휴무
• 에이덴 이치조지역에서 도보 5분

여자도 부담 없이 다 먹을 수 있는
세 가지 간장 라멘

106

멘야 유코 麺屋 優光

스타일리시한 분위기가 돋보이는 라멘집. 각기 다른 개성을 지닌 세 가지 간장 라멘을 선보인다. 종류는 간장 베이스에 가다랑어와 다시마를 더한 고기 중심의 '마다케真竹', 깊고 진한 '구로치쿠黑竹', 담백하고 깔끔한 '하치쿠淡竹'가 있다.

하치쿠淡竹 880엔

가라스마오이케
멘야 유코

☎ 075-256-3434 <예약 불가> 🍴 16석
• 588 Banocho, Nakagyo Ward, Kyoto
• 11:00~15:00(L.O.), 17:30~22:00(L.O.)
• 목요일 휴무 / 지하철 가라스마오이케역 6번 출구 앞

카이다시멘貝だし麺 1,050엔
(조린 삶은 달걀ゆで卵 +100엔)

107

카이다시멘 키타다

貝だし麺 きた田

가리비, 바지락, 대합을 아낌없이 넣은 조개 육수 라멘을 판매한다. 대표 메뉴인 조개 육수 면, 카이다시멘貝だし麺은 짭짤하고 깊은 맛이 살아 있다. 조개 조림 밥, 카이노시구레니고항貝のしぐれ煮ご飯(150엔~)도 추천한다.

니시노토인시오코지

카이다시멘 키타다

☎ 075-366-4051 <예약 불가> 👤 11석
• 570-3 Kitafudodocho, Shimogyo Ward, Kyoto
• 07:00~22:00(L.O. 21:30) / 부정기 휴무
• JR 교토역에서 도보 5분

108

추카노사카이 본점

中華のサカイ 本店/Chuka no Sakai

개업한 지 약 80년이 지난 식당. 대표 메뉴인 냉면은 쫄깃하고 굵은 특제 면발에 직접 만든 마요네즈를 넣어 새콤한 맛이 절묘하게 어우러진다. 토핑은 구운 돼지고기와 오이, 잘게 자른 김뿐. 햄이 들어간 메뉴도 있다.

냉면(구운 돼지고기)
冷めん(焼豚入り) 860엔

다이토쿠지 주변

추카노사카이 본점

☎ 075-492-5004 <예약 불가> 👤 40석
• 92 Murasakino Kamimonzencho, Kita Ward, Kyoto
• 11:00~14:45(L.O.), 토·일요일, 공휴일은 ~15:30(L.O.)
• 17:00~20:30(L.O.) / 월요일 휴무(공휴일이면 영업)
• 시내버스 시모토리다초 정류장에서 도보 6분

인기 음식을 조금씩 다양하게 **한식 런치**
교토산 식재료로 만들어 전통 그릇에 정성껏 담아낸 한국 요리
한국의 맛을
마음껏 즐기다

기온 칸칸데리 레이

祇園 かんかんでり 麗

한국의 옛 도시를 떠올리게 하는 감성 넘치는 단독 건물. 1층에는 카운터석, 2층에는 개인실이 있다. 채소와 두부 등 교토산 재료로 만든 한식이 인기다. 런치 메뉴인 '구절판九節板'은 그릇에 담긴 아홉 가지 반찬에 순두부와 삼계탕 등을 고를 수 있는 메인 요리, 밥, 한국 차까지 포함되어 푸짐하다.

\ 한국 술도 많아요! /

1. 기온 '구절판' 런치九節板ランチ 1,980엔. 반찬은 잡채, 전 등. 메인 요리는 약 열다섯 가지이며, 밥과 차는 여러 종류 중에서 선택할 수 있다. **2.** 한국 소주焼酎는 한 잔에 418엔~.

기온

기온 칸칸데리 레이

☎ 075-744-1063 <예약 가능> 👤 42석
- Kyoto, Higashiyama Ward, Hashimotocho, 2-391, Niko-to Building 1〜2층
- 구글맵에 Gion Kankanderi Rei 검색
- 11:30~14:30(L.O.), 17:00~23:00(L.O.)
- 일요일 및 공휴일은 ~21:00(L.O.) / 연중무휴
- 게이한 기온시조역 7번 출구에서 도보 5분

점심 식사

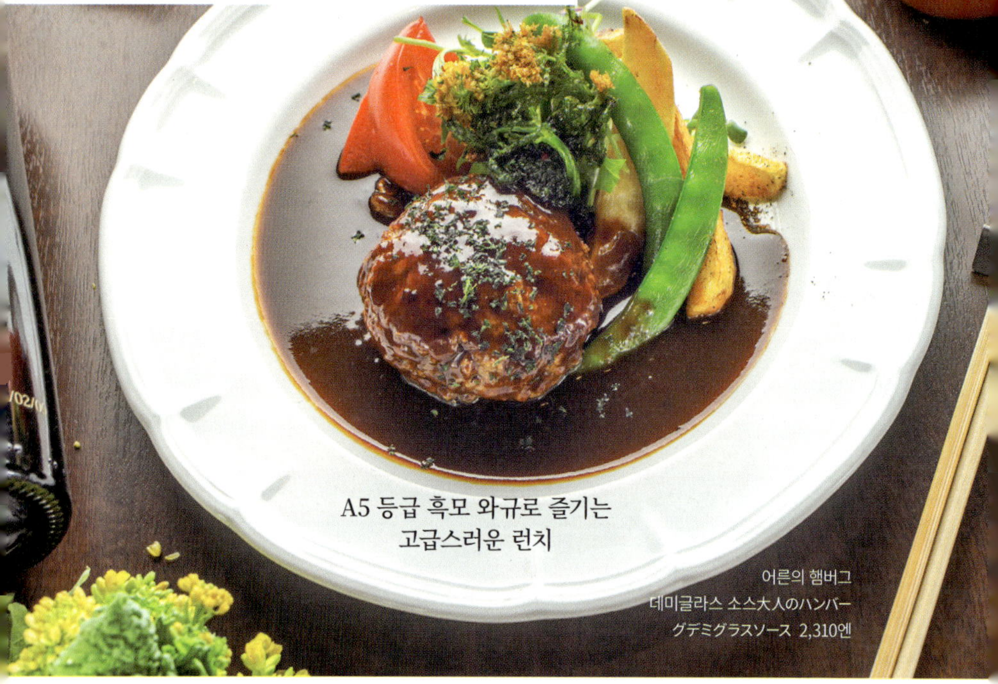

A5 등급 흑모 와규로 즐기는
고급스러운 런치

어른의 햄버그
데미글라스 소스大人のハンバー
グデミグラスソース 2,310엔

110

교토 양식 마츠모토 京洋食 まつもと

교토산 채소와 고기로 만든 양식을 판매한다. 데미글라스 소스를 듬뿍 얹은 '어른의 햄버그 데미글라스 소스'는 일본산 A5, A4 등급 흑모 와규와 쫄깃한 교토산 돼지고기를 다져서 만든다. 깍둑썰기한 와규 간이 들어가 있지만, 잡내가 없고 깊은 맛과 쫄깃한 식감이 더해져 고기의 깊은 맛을 더욱 잘 느낄 수 있다. 밥은 단바 지역에서 생산한 고시히카리 쌀로 짓는다. 고풍스러운 분위기가 흐르는 아늑한 공간에서 즐겨보자.

시조카라스마

교토 양식 마츠모토

☎ 075-708-7616 <예약 가능> ♂ 37석
• Kyoto, Nakagyo Ward, Fudocho, 171-4
• 11:30~14:30(L.O.), 18:00~21:30(L.O.)
• 월요일 휴무(공휴일이면 다음날 휴무, 월요일이 달의 1일이면 영업)
• 지하철 시조역 22번 출구에서 도보 8분

이노쓰치 특제 햄버그스테이크 런치 세트
イノツチ特製ハンバーグランチセット 1,300엔~

111

양식 이노쓰치 洋食イノツチ/Inotsuchi

인기 가게가 늘고 있는 히가시야마 지역에 위치한 카운터석만 있는 아담한 양식 전문점. 가정적인 분위기에서 정성이 담긴 음식을 맛볼 수 있다. 인기 메뉴인 햄버그스테이크는 두툼하고 육즙이 풍부한 고기에 일주일 걸쳐 만든 데미글라스 소스를 뿌리고 단바에서 생산한 반숙 달걀프라이를 얹는다. 정통 햄버그스테이크의 깊은 맛에 미소가 절로 번진다. 디너 타임에는 전채 모둠과 그라탕, 오늘의 흑모 와규 요리 등 와인과 어울리는 단품 요리가 다양하다.

오카자키

양식 이노쓰치

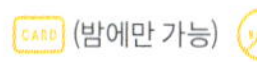 (밤에만 가능)

☎ 075-751-6000 <예약 불가 ※디너는 예약 가능> 🪑 6석
• 606-8354 Kyoto, Sakyo Ward, Kashiracho, 337-79
• 12:00~14:00(목~일요일), 17:00~22:00 / 화요일 휴무
• 게이한 산조역 11번 출구에서 도보 10분

고기를 사랑하는 교토! **속이 꽉 찬 고기 샌드위치**

빵과 고기를 모두 사랑하는 교토 사람들. 고기가 가득 든 인기 폭발 샌드위치!

100% 소고기 패티와
유명 맛집에서 만든 번의 완벽한 조합

더블 치즈버거 ダブルチ
ーズバーガー 1,560엔

112 벌레스크
BURLESQUE

카페와 미용실이 함께 있다. 100% 소고기 패티로 만든, 교토에서는 보기 드문 정통 미국식 스매시 버거를 맛볼 수 있다.

단바구치 벌레스크

☎ 075-874-3651 <예약 가능> 🪑 4석
• 3 Sujakukitanokuchicho, Shimogyo Ward, Kyoto
• 11:00~20:00 / 목요일 및 둘째 주 수요일 휴무
• JR 우메코지교토니시역에서 도보 5분

양도 푸짐한
오래된 찻집의 별미

비프 가쓰 샌드위치
ビーフカツサンド 2,150엔

113 이노다 커피 본점
イノダコーヒ本店

교토를 대표하는 유명 찻집. 부드럽고 육즙 가득한 일본산 소고기에 소스를 더해 깊은 맛을 느낄 수 있다.

가라스마오이케 이노다 커피 본점

☎ 075-221-0507 <예약 불가> 🪑 211석
• 140 Doyucho, Nakagyo Ward, Kyoto
• 7:00~18:00(모닝 메뉴는 11:00까지) / 연중무휴
• 지하철 가라스마오이케역 5번 출구에서 도보 5분

와규의 깊은 맛을 담았다!
진한 맛이 매력적인 샌드위치

최고급 가쓰 샌드위치
極上カツサンド 5,200엔

114 하후우 본점
はふう 本店

생고기 도매업 집안 출신의 오너가 운영하는 양식점. 런치와 디너는 물론 테이크아웃으로도 언제든 고급 고기 요리를 맛볼 수 있다.

고쇼미나미 하후우 본점 

☎ 075-257-1581 <예약 가능 ※점심은 불가> 🪑 36석
• 471-1 Sasayacho, Nakagyo Ward, Kyoto
• 11:30~13:30(L.O.), 17:30~21:30(L.O.)
• 수요일 휴무 / 지하철 교토시야쿠쇼마에역 3번 출구에서 도보 10분

우이큐 토스트
ういきゅうトースト 380엔

115 기리토시 신신도

切通し 進々堂

기온에서 60년 넘게 사랑받고 있는 찻집. 소금으로 간을 한 오이와 비엔나소시지를 넣은 토스트는 단순하지만 많은 이의 입맛을 사로잡는다.

기온　　기리토시 신신도

☎ 075-561-3029 <예약 불가> 🪑10석
- 254 Gionmachi Kitagawa, Higashiyama Ward, Kyoto
- 구글맵에 Kiritoshi Shinshindo 검색
- 10:00~15:30(L.O.) ※계절에 따라 변경될 수 있음
- 월요일 휴무, 부정기 휴무
- 게이한 기온시조역 7번 출구에서 도보 2분

로스트비프 샌드위치(샐러드 포함)
ローストビーフサンド(サラダ付) 2,050엔

116 마에다 커피 무로마치 본점

前田珈琲 室町本店

유서 깊은 정육점 '모리타야モリタ屋'의 로스트비프로 만든 샌드위치. 부드럽고 폭신한 빵이 고기의 진한 맛을 한층 더 살려준다.

시조카라스마　　마에다 커피 무로마치 본점

☎ 075-255-2588 <예약 가능 ※6명 이상> 🪑100석
- 236 Hashibenkeicho, Nakagyo Ward, Kyoto
- 07:00~18:00(L.O. 17:30) / 연중무휴
- 한큐 가라스마역 22번 출구에서 도보 3분

비프 가쓰 샌드위치
ビーフカツサンドウィッチ 1,980엔

117 레스토랑 키쿠스이

レストラン 菊水

일본의 국가등록유형문화재인 건물에 자리한 오래된 양식점. 육즙 가득하고 두툼한 가쓰 샌드위치는 포장 서비스도 제공한다.

기온　　레스토랑 키쿠스이

☎ 075-561-1001 <연회장만 예약 가능> 🪑16석
- 187 Kawabatacho, Higashiyama Ward, Kyoto
- 10:00~22:00(L.O. 21:30) / 연중무휴
- 게이한 기온시조역 7번 출구 앞

대대로 이어온 비밀 레시피. 천년 고도의 **달걀 샌드위치**

가게마다 특별한 개성이 담긴 교토 찻집의 오믈렛 샌드위치

지금은 사라진 명가의 맛을 지키며 더욱 발전하는 중

코로나 달걀 샌드위치
コロナの玉子サンドイッチ 990엔

118 라 마드라그
喫茶マドラグ

지금은 문을 닫은 '양식 코로나'의 달걀 샌드위치 레시피를 직접 전수받아 재현했다. 달걀 네 개로 만든 오믈렛은 감탄을 자아낼 만큼 폭신폭신하다.

가라스마오이케 라 마드라그

☎ 075-744-0067 <예약 가능> 🪑18석
• 706-5 Kamimatsuyacho, Nakagyo Ward, Kyoto
• 모닝 08:00~11:00, 런치 12:00~17:00(L.O.) / 연중무휴
• 지하철 가라스마오이케역 2번 출구에서 도보 6분

유명 달걀말이 전문점의 새로운 도전! 달걀로 만든 디저트&빵

달걀말이 샌드위치
だし巻きサンド 1,180엔

119 미키케이란도
三木鶏卵堂

1928년에 문을 연 달걀말이 전문점 '미키케이란 三木鶏卵'에서 운영하는 인기 카페. 엄선한 달걀로 만든 가벼운 식사와 디저트, 빵 등이 가득하다.

니시키 미키케이란도

☎ 075-221-3335 <예약 가능>※상품 예약만 가능 🪑7석
• 588 Takamiyacho, Nakagyo Ward, Kyoto
• 11:00~16:00 / 월·화요일 휴무
• 한큐 교토가와라마치역 11번 출구에서 도보 5분

오너의 가정에서 탄생한 정겹고 부드러운 샌드위치

달걀 샌드위치
タマゴサンド 800엔

120 모모하루
百春/momoharu

연하게 소금 간을 한 커다란 오믈렛에 진한 풍미와 단맛, 은은한 신맛이 어우러진 소스를 곁들였다. 자가 로스팅 커피와 잘 어울린다.

교토시청 앞 모모하루

☎ 075-708-3437 <예약 불가> 🪑9석
• 2F Taneike-building 55 Tokiwagicho, Nakagyo Ward, Kyoto / 구글맵에 Kyoto momoharu 검색
• 11:00~17:00 / 화·목요일 휴무
• 지하철 교토시야쿠쇼마에역 11번 출구에서 도보 5분

달걀 샌드위치
卵サンド 700엔

121 프랑지파니

喫茶 Prangipani / フランジパニ

달걀 두 개를 양면으로 구운 오믈렛에 아삭한 양상추와 오이가 환상적인 조합을 이룬다. 두툼한 빵으로 만든 달걀 토스트 샌드위치 卵トーストサンド(700엔)도 인기가 많다.

구라마구치 　프랑지파니

☎ 075-411-2245 <예약 불가> 🪑 15석
- 462 Morinokicho, Kamigyo Ward, Kyoto
- 구글맵에 Prangipani Kyoto 검색
- 10:00~17:00 / 수·목·일요일 및 공휴일 휴무
- 지하철 구라마구치역에서 도보 2분

달걀 토스트
玉子トースト 650엔

122 킷사 치롤

喫茶チロル

개업 이후 약 50년간 변하지 않은 레시피. 고소하게 구운 두툼한 빵을 사용해 씹는 맛이 좋다. 소스는 머스터드와 마요네즈만 사용해서 깔끔한 맛을 냈다.

니조성 주변 　킷사 치롤

☎ 075-821-3031 <예약 불가> 🪑 14석
- 539-3 Monzencho, Nakagyo Ward, Kyoto
- 08:00~16:00 / 일요일 및 공휴일 휴무
- 지하철 니조조마에역 3번 출구에서 도보 4분

달걀 샌드위치
たまごサンド 900엔

123 카페 아마존

喫茶アマゾン

육수에 부드럽게 구운 달걀말이에 심플하게 마요네즈와 케첩만 발라 만든 샌드위치. 오랜 세월 사랑받은 메뉴다. 2024년 4월에 교토 햐쿠만벤에 2호점을 열었다.

시치조 　카페 아마존

☎ 075-561-8875 <예약 불가> 🪑 32석
- 235 Shimohorizumecho, Higashiyama Ward, Kyoto
- 07:30~15:30 / 수요일 휴무
- 게이한 시치조역 4번 출구에서 도보 2분

술과 함께할 빵을 찾아서!
빵의 도시 교토에서 즐기는 빵집 투어

Ⓐ **페퍼 카르네** ペッパーカルネ
280엔

프랑스 빵에 햄과 양파를 넣고 검은 후추를
섞은 마요네즈를 더해 맛을 살렸다.

Ⓐ **원조 비프 가쓰 샌드위치** 元祖ビーフカツサンド
650엔

바삭한 튀김옷을 입힌 비프 가쓰 두 장을 겹쳐 넣어서 푸
짐하다. 달달하고 짭조름한 특제 소스가 감칠맛을 더한다.

Ⓑ **큰 포크 프랑크 소시지**
大きいポークフランク **650엔**

육즙 가득한 프랑크 소시지와 맥주는
최고의 궁합! 새콤한 피클이 입맛을 돋운다.

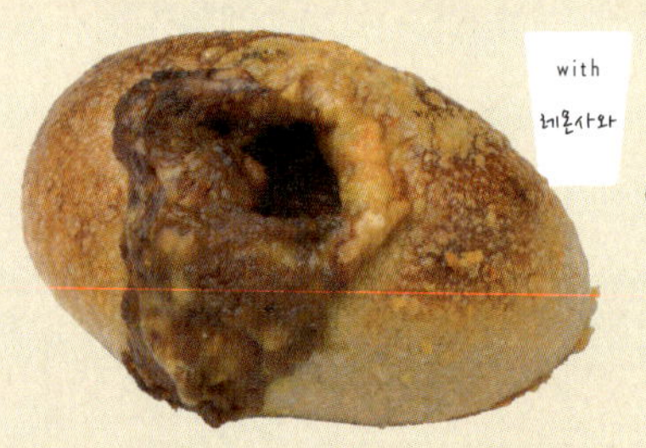

Ⓑ **카레빵** カレーパン
120엔

매콤한 맛과 달콤한 맛이 공존하는 카레 루를 섞
어 만들어서 중독성 있는 깊은 풍미가 매력이다.

빵의 도시 교토가 자랑하는 술을 부르는 빵

든든한 한 끼 식사로 손색없는 빵부터 디저트처럼 즐길 수 있는 빵까지, 최근 빵의 세계는 그
야말로 무궁무진하다. 나도 모르게 술이 마시고 싶어지는 '술이 당기는' 빵도 늘어나는 중. 차
가운 화이트와인과 페어링하기 좋은 '시즈야'의 페퍼 카르네. 니스 스타일 샐러드를 가득 넣
은 '르 쁘띠 멕'의 쁘띠 샌드위치는 화이트와인이나 샴페인과 잘 어울린다. 오너가 와인 애호
가인 '아티잔 알레'는 앤초비나 올리브를 넣어 짭짤한 빵을 다양하게 판매한다. 맥주나 사와
(일본 소주에 탄산수와 신맛이 나는 과즙을 섞은 일본식 칵테일)를 손에 들고 한입 베어 물기 딱
좋은 빵을 찾는다면 '플립업'의 포크 프랑크 소시지와 카레빵이 최고! '설마 사케와 어울리는

ⓒ **앤초비 올리브** アンチョビオリーブ
260엔

덩어리째 들어간 올리브와 짭짤한 앤초
비의 완벽한 밸런스!

ⓓ **시샤모빵** ししゃもパン
227엔

독특한 비주얼은 물론 버터 향 가득한 크루아상
과 시샤모의 완벽한 조합에 깜짝 놀란다.

ⓔ **훈제 연어와 크림치즈**
スモークサーモンとクリームチーズ 260엔

연어 큐브×크림치즈의 최강 조합.
케이퍼로 새콤한 맛을 더했다.

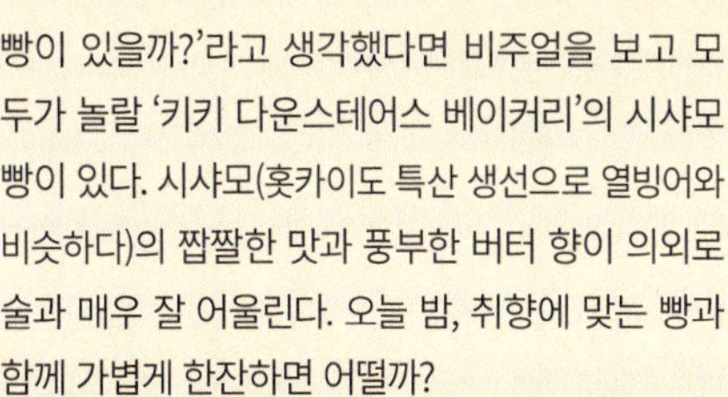

ⓔ **쁘띠 니수아즈**
プチニソワーズ 260엔

세련된 프랑스 니스의 샐러드를
미니 버거로 만든 인기 메뉴.

ⓐ **시즈야 본점**志津屋本店

우즈마사　시즈야 본점

☎ 075-803-2550
• Kyoto, Ukyo Ward,
  Yamanouchi Gotandacho, 10
• 07:00~20:00 / 연중무휴
• 란덴 야마노우치역에서 도보 5분

ⓑ **플립업 Flip up!**

가라스마오이케　플립업

☎ 075-213-2833
• Kyoto, Nakagyo Ward,
  Takoyakushicho, 292-2 SDK Building 1층
• 07:00~18:00(품절 시 영업 종료)
• 월요일 휴무
• 지하철 가라스마오이케역 2번 출구에서 도보 3분

ⓒ **아티잔 알레**
boulangerie Artisan'Halles

이마데가와　아티잔 알레

☎ 075-744-1839
• 89 Isshincho, Kamigyo Ward, Kyoto
• 09:00~19:00 / 수·목요일 휴무
• 게이한 데마치야나기역 3번 출구에서
  도보 6분

ⓓ **키키 다운스테어스 베이커리**
kiki ダウンステアーズ ベーカリー
KiKi Downstairs Bakery

금각사　키키 다운스테어스 베이커리

☎ 075-275-4866
• 21-15 Tokiwaoikecho, Ukyo Ward, Kyoto
• 07:00~17:00 / 월요일 휴무
• 란덴 우타노역에서 도보 5분

ⓔ **르 쁘띠 멕 오이케**
Le Petit Mec 御池

가라스마오이케　르 쁘띠 멕 오이케

☎ 075-212-7735
• Kyoto, Nakagyo Ward,
  Shimomyokakujicho, 186
  番地 ビスカリヤ光樹 1층
  (시모묘 카쿠지초 거리下妙覚寺町)
• 09:00~18:00 / 연중무휴
• 지하철 가라스마오이케역 2번 출구에서 도보 2분

빵이 있을까?'라고 생각했다면 비주얼을 보고 모
두가 놀랄 '키키 다운스테어스 베이커리'의 시샤모
빵이 있다. 시샤모(홋카이도 특산 생선으로 열빙어와
비슷하다)의 짭짤한 맛과 풍부한 버터 향이 의외로
술과 매우 잘 어울린다. 오늘 밤, 취향에 맞는 빵과
함께 가볍게 한잔하면 어떨까?

일본 요리와 와인, 그리고 젊은
오너 셰프의 정성이 담긴 손맛

일본 요리와 와인, 그리고 젊은
오너 셰프의 정성이 담긴 손맛

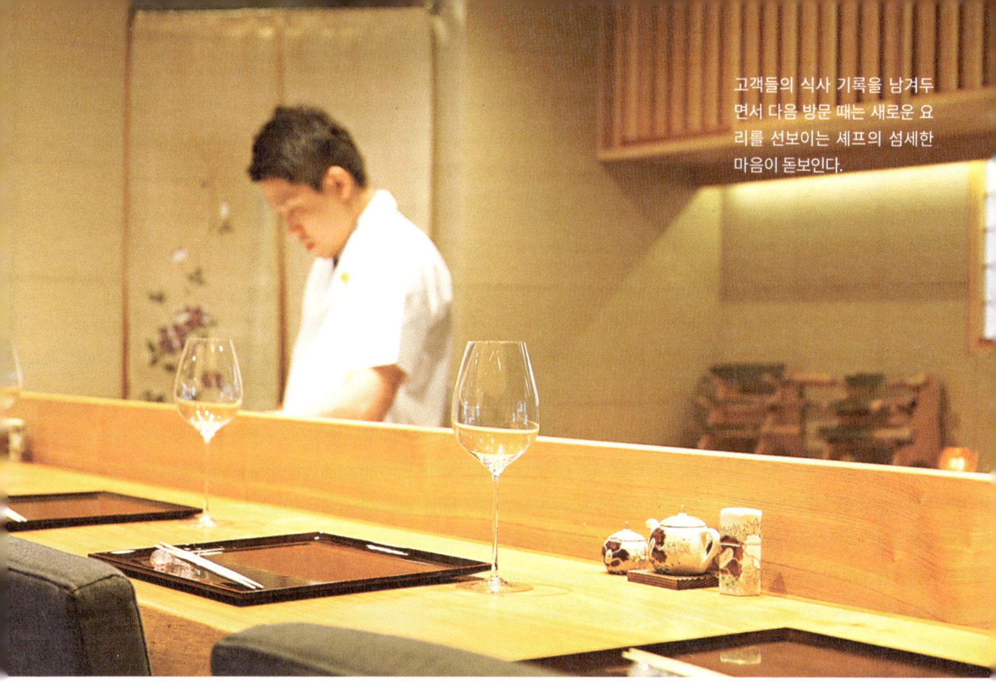

1. 아름답고 정갈하게 담아낸 은대구 된장
구이. 2. 마무리는 옥돔과 잎새버섯을 넣
은 솥밥으로. 3. 육수의 깊은 맛이 살아 있
는 자라 자완무시(부드러운 식감이 특징인
일본식 달걀찜).

129

기온 니시 祇園にし

30대 젊은 오너 셰프와 여주인이 운영하는 교토 요리 전문점. 인상이 온화한
오너 셰프는 교토 기야마치에서 유명한 '도쿠오日本料理とくを'에서 경험을 쌓은
뒤 독립했으며, 이탈리아 요리와 와인에도 조예가 깊고 소믈리에 자격도 갖췄
다. 교토 가이세키에 자신만의 감각을 더한 요리와 와인의 페어링이 기온 일
대 미식가들 사이에서 호평이 자자하다. 그릇은 주로 기요미즈야키(교토의 고
급 전통 도자기)를 사용한다. 요리하는 모습을 생생하게 볼 수 있는 카운터석은
물론 테이블석도 있다. 런치昼(15,730엔), 디너夜(25,410엔, 각 세금 및 봉사료
포함) 코스만 판매한다.

☎ 075-532-4124 <예약 필수> 🪑 20석
• Kyoto, Higashiyama Ward, Tsukimicho, 21-2 1층
• 12:00(동시에 시작), 18:00(동시에 시작)
  월요일, 부정기 휴무(런치 영업은 목~일)
• 시내버스 히가시야마야스이 정류장 근처

저녁 식사

편안한 **대화와 함께** 즐기는 고급 교토 전통 요리

친절한 오너 셰프와 함께 카운터석에서 맛보는 고급 교토 전통 요리

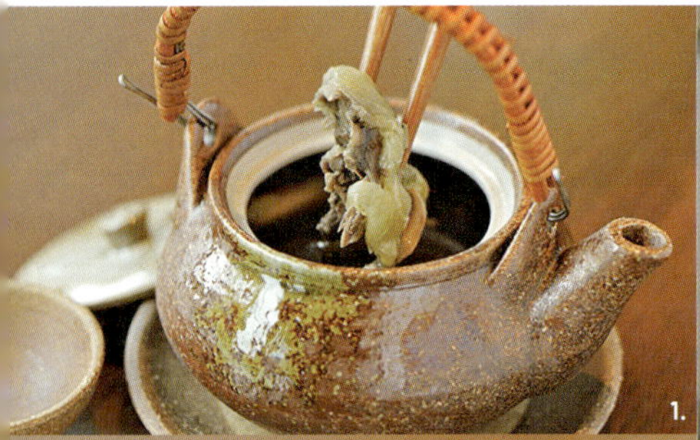

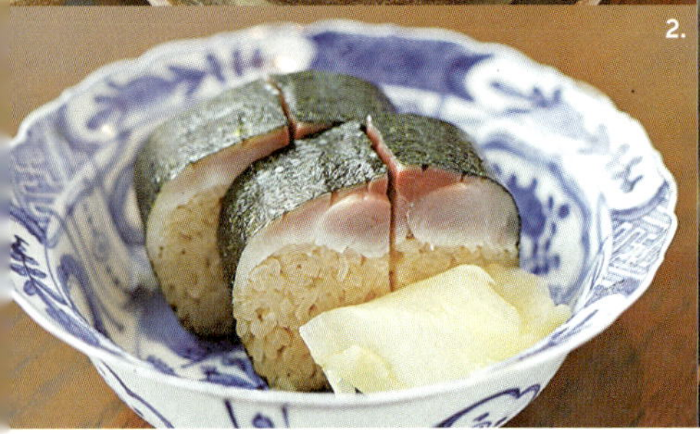

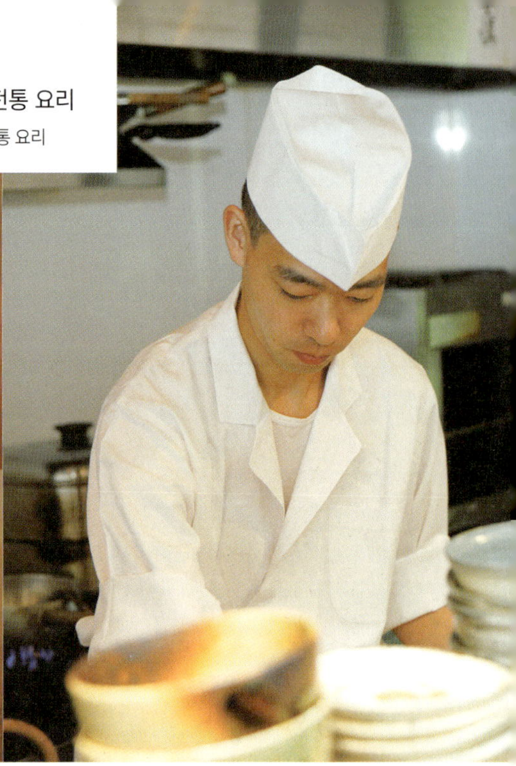

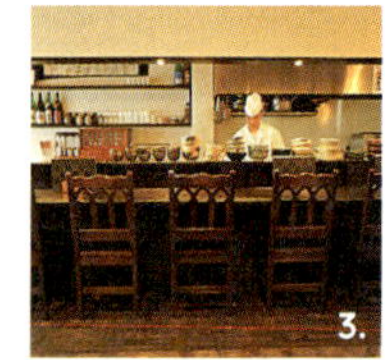

단품 메뉴로 맛보는
명가 출신 셰프의 깔끔한 맛

130

데라마치 후쿠다 てらまち 福田

편안한 분위기가 흐르는 고급 음식점. 친절한 오너 셰프 후쿠다는 '와쿠덴和久傳' 출신으로, 자라와 옥돔 같은 고급 재료도 능숙하게 다룬다. 감자 샐러드나 오야코동 같은 소박한 일상 메뉴도 판매해서 선택의 폭이 넓은 것이 큰 매력. 후쿠다 셰프가 엄선한 지역 특산 사케와 함께 즐겨보자.

1. 나가사키산 자라를 도자기 주전자에 넣어 찐 도빈무시土瓶蒸し(2,400엔)는 사시사철 맛볼 수 있는 메뉴. **2.** 진간장과 다시마 육수로 지은 초양념 밥으로 만든 고등어 초밥, 사바즈시鯖寿司는 두 점에 850엔. **3.** 테이블석도 있다.

데라마치

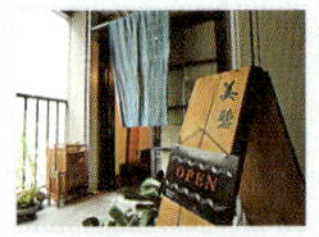

데라마치
후쿠다

☎ 075-343-5345 <예약 가능 ※점심은 예약 불가> 20석

- Kyoto, Shimogyo Ward, Ebisunocho, 528 에비스테라스 2층
- 구글맵에 Fukuda Kyoto 검색
- 12:00~13:30(L.O.), 17:00~22:00(L.O.) / 수요일 및 둘째·넷째 주 화요일 휴무
- 한큐 교토가와라마치역 10번 출구에서 도보 4분

유명 맛집 출신 오너 셰프의 솜씨가 빛나는
정통 일식 코스

131

쿠즈시 코토와리 くずし理

유명 맛집 '기로기로 히토시나枝魯枝魯ひとしな'에서 실력을 갈고닦은 셰프 오쿠다 쇼타가 독립해서 문을 연 음식점. '일상에서 즐기는 고급 요리'가 콘셉트이며, 매달 구성이 바뀌는 오마카세 코스おまかせコース(8,800엔) 하나로 승부한다. 정통 일식에 충실하면서도 회에 곁들이는 간장에 채소 퓌레를 섞거나 무침 요리에 향신료를 더하는 등 변화를 주기도 한다.

1. 벤자리를 겉만 살짝 구운 요리. 2. 전채요리. 토마토와 연어를 넣은 달걀말이, 고등어 초절임, 포도 초무침 등으로 구성. 3. 카운터석 10석, 2층에는 다다미 좌식 룸이 있다(개인실 4~6명)

가라스마고조

쿠즈시 코토와리

☎ 090-8536-5489 <예약 가능> 👥 16석
• 239-2 Tawarayacho, Shimogyo Ward, Kyoto
• 18:00~22:30
• 지하철 고조역 3번 출구에서 도보 8분

김이 모락모락 나는 국 한 그릇에 정성을 담다

132

시루코 志る幸

1932년(쇼와 7년) 개업. 카운터석은 야사카 신사의 전통 가면극 무대를 떠올리게 하며 운치 넘치는 공간에서 대표 국물 요리를 맛볼 수 있다. 점심, 저녁 언제든 맛볼 수 있는 메뉴 '리큐 벤토'는 두부가 들어간 흰 된장국과 제철 재료를 섞어 지은 밥에 반찬 다섯 가지가 나온다. 된장국에는 유바, 토란 등을 추가할 수 있다(별도 요금 발생).

리큐 벤토 利久辨當 3,000엔. 계절의 맛을 담은 반찬과 밥이 잘 어울린다.

가와라마치

시루코

☎ 075-221-3250 <예약가능> 🪑 30석
- 604-8026 Kyoto, Nakagyo Ward / 구글맵에 Shiruko Kyoto 검색
- 11:30~14:00(마지막 입장), 17:00~20:00(마지막 입장)
- 화요일 저녁 및 수요일 휴무
- 시내버스 시조가와라마치 정류장 근처

소바 육수로
맛을 낸 덮밥

133

혼케 오와리야 본점 本家尾張屋 本店

550년 전통을 지닌 노포. 교토의 연수를 사용해 육수와 소바 반죽을 만든다. 고급 재료와 함께 먹는 명물 '호라이 소바 宝来そば'를 비롯해 소바, 우동, 덮밥 등 다양한 메뉴가 있다. 유부와 교토산 파에 달걀을 입힌 '기누가사동 衣笠丼'은 교토에서만 맛볼 수 있는 인기 덮밥이다. 낮에는 매일 같이 줄이 길다.

산초가 맛의 균형을 잡아 주는 기누가사동 衣笠丼 1,210엔. 촉촉한 달걀로 덮은 덮밥이 눈 덮인 기누가사야마 산과 비슷한 데서 유래된 이름이다.

가라스마오이케

혼케 오와리야 본점

☎ 075-231-3446 <예약 불가> 🍴 96석
• Kyoto, Nakagyo Ward, Niomontsukinukecho, 322
• 11:00~15:00(L.O.) / 연중무휴
• 지하철 가라스마오이케역 1번 출구에서 도보 2분

교토 사람처럼! **오반자이를 즐기는 세 가지 방법**

옛 정취 가득한 카운터석에 앉아 즐기는 정겨운 저녁 식사

*오반자이: 소박하고 정갈한 교토 가정식

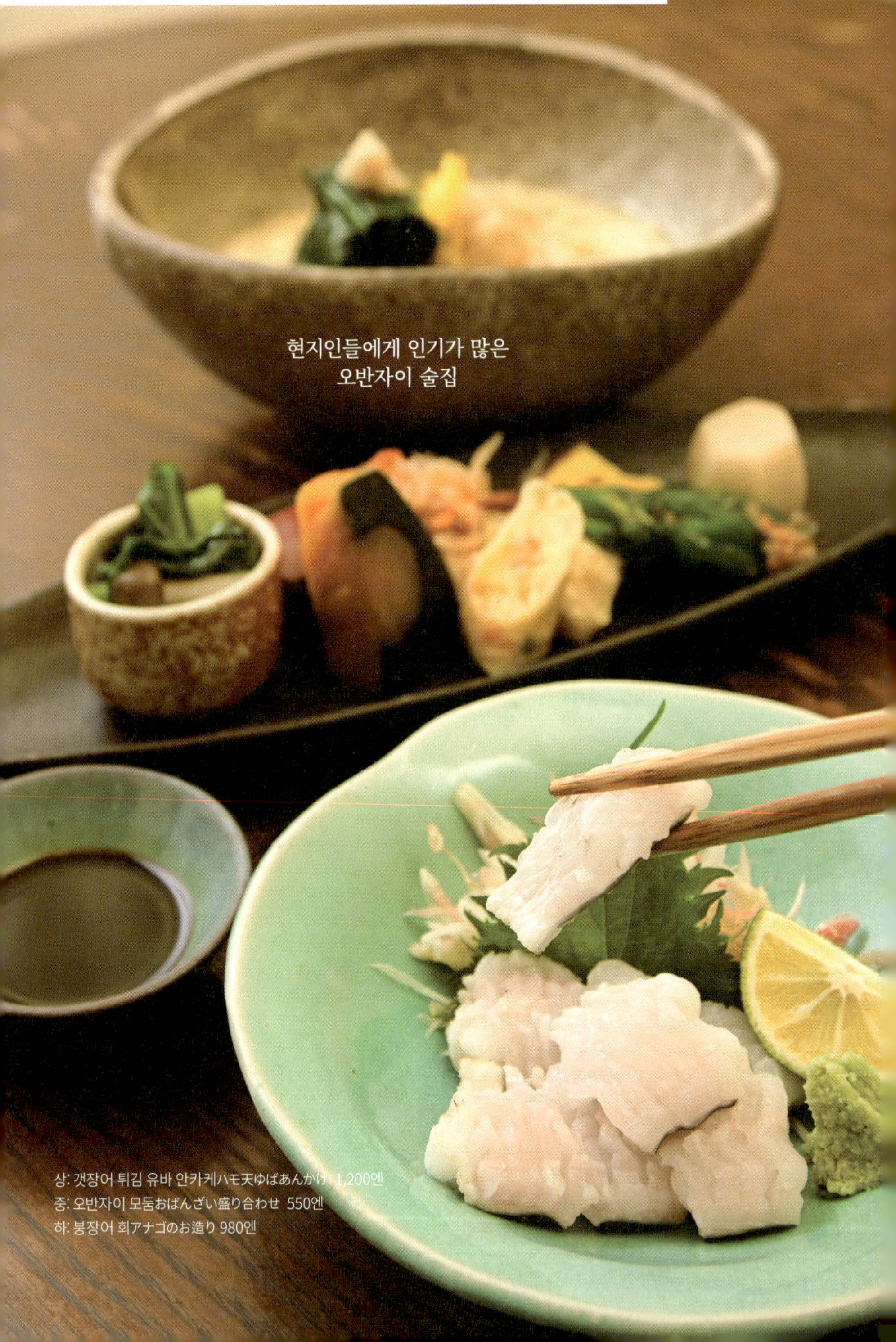

현지인들에게 인기가 많은
오반자이 술집

상: 갯장어 튀김 유바 안카케ハモ天ゆばあんかけ 1,200엔
중: 오반자이 모둠おばんざい盛り合わせ 550엔
하: 붕장어 회アナゴのお造り 980엔

134

후 布

교토 시내 서쪽 지역의 대표 술집 거리 사이인에서 동네 주민들에게 오랫동안 사랑받아 온 선술집. 큼직한 그릇에 담긴 오반자이, 제철 생선과 채소로 만든 일품요리가 다양해서 눈길을 끈다. 카운터석과 테이블석에 좌식인 다다미석까지 있다. 평일에도 자리가 없을 정도로 인기가 많으니 예약을 추천한다.

\ 어묵도 인기! /

소 힘줄, 중국식 만두 슈마이 등을 넣은 어묵 모둠おでんの盛り合わせ 750엔.

사이인

후

☎ 075-314-5002 <예약 가능> 유 23석
• 36-3 Saiinkitayakakecho, Ukyo Ward, Kyoto
• 17:00~24:00(토·일요일, 공휴일은 23:00까지)
• 부정기 휴무 / 한큐 사이인역에서 도보 2분

3대째 여주인이
정성껏 만든 요리

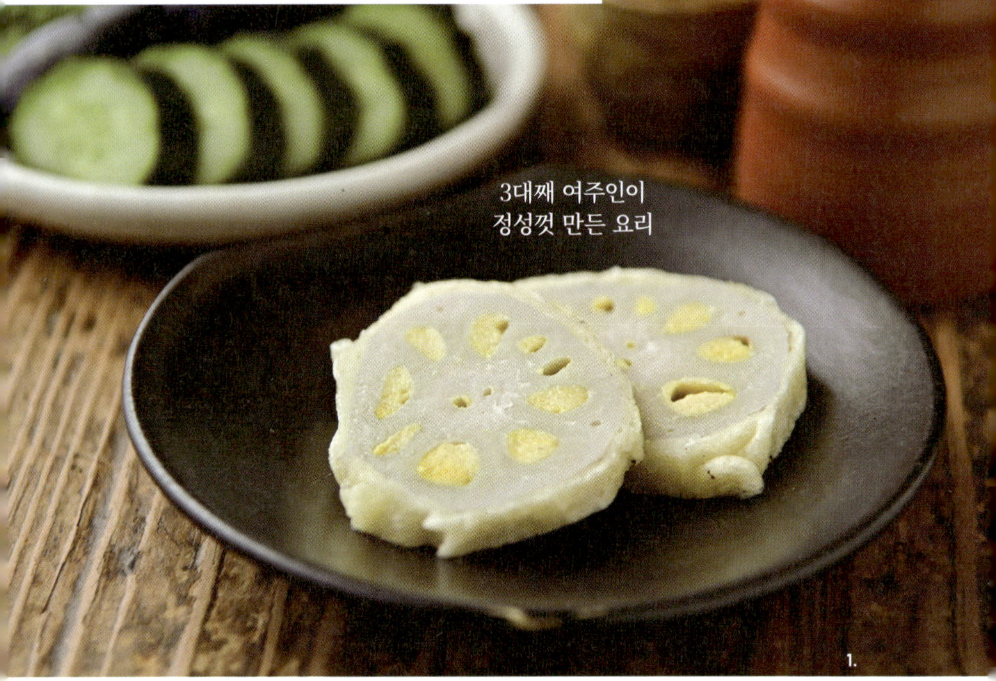

1.

135

렌콘야 れんこんや/Renkon-Ya

에도 시대에 하급 무사들의 집이었던 공동주택이 운치 있는 공간으로 변신. 약 70년 전에 초대 여주인이 구마모토 출신 지인에게 전수받은 가라시렌콘(연근 속에 겨자를 채운 음식)은 오늘날까지 변함없이 사랑받는 대표 메뉴. 주문을 받자마자 김을 굽고 가다랑어포를 깎아서 갓 간 와사비와 메추리알에 곁들이는 '니시키기にしきぎ'와 큼직한 주먹밥도 반드시 맛보자.

2.

1. 가라시렌콘からし蓮根(2조각) 700엔, 채소 절임 모둠つけもの盛り合わせ 600엔. 2. 만간지 고추万願寺とうがらし 500엔.

니시키야마치

렌콘야

CARD

☎ 075-221-1061 <예약 가능> 👥 16석
• 604-8032 Kyoto, Nakagyo Ward, Yamazakicho 236
• 구글맵에 Renkon-Ya 검색
• 17:00~22:00(L.O. / 일요일 휴무(공휴일이면 월요일 휴무)
• 게이한 산조역 6번 출구에서 도보 4분

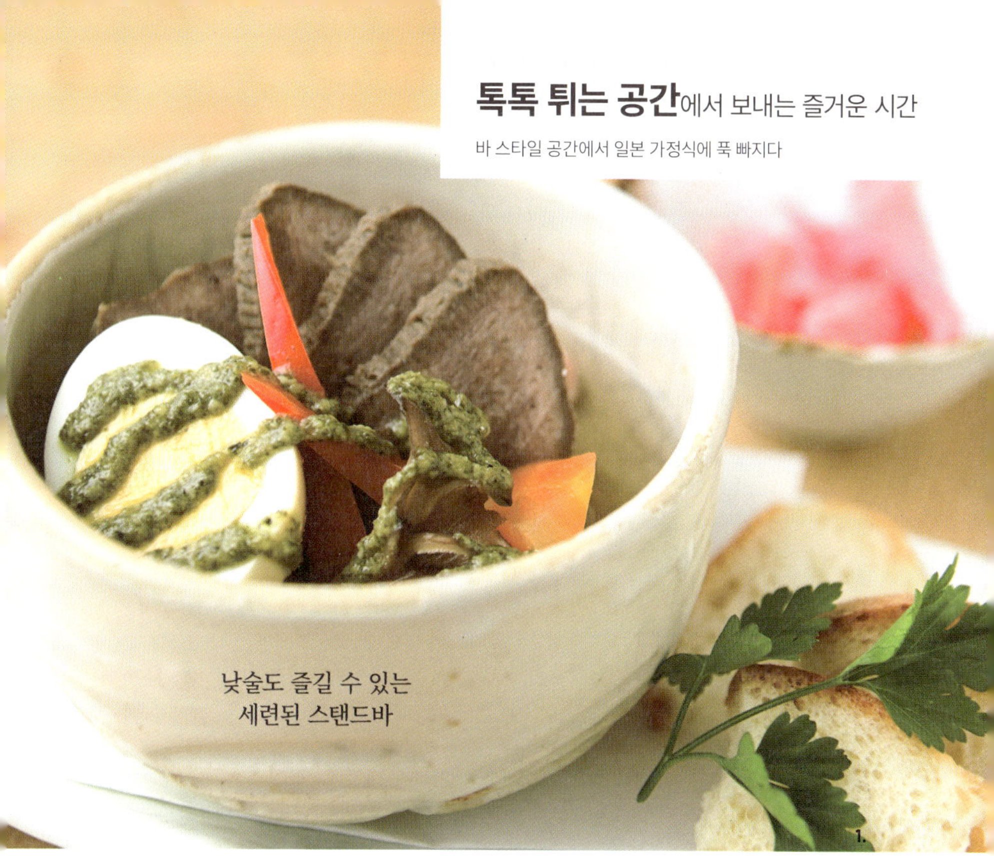

톡톡 튀는 공간에서 보내는 즐거운 시간

바 스타일 공간에서 일본 가정식에 푹 빠지다

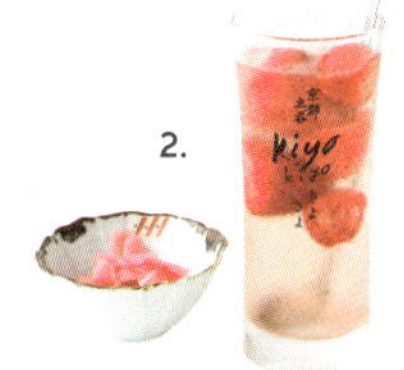

낮술도 즐길 수 있는
세련된 스탠드바

1.

136

교토 스탠드 키요키요 京都スタンド きよきよ

인기 체인점 '교야 기요미즈京家きよみず'에서 운영하는 오반자이 스탠드바. 입석도 있으며 카페나 바 같은 분위기가 흘러 혼자서 방문해도, 여럿이서 방문해도 좋다. 두부무침과 토란 조림 같은 정통 오반자이부터 도미 육수로 끓인 어묵 등 독창적인 메뉴까지 다양하다.

2.

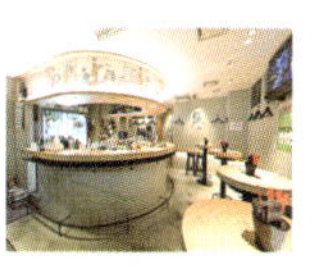

1. 대표 메뉴인 우설 조림, 규탄니牛タン煮 (1,320엔)는 술이 술술 들어가는 안주. **2.** 딸기 사와イチゴサワー(770엔) 등 생과일 사와도 인기.

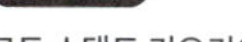

기야마치

교토 스탠드 키요키요

CARD

☎ 075-633-0410 <예약 가능> 25석
- Kyoto, Nakagyo Ward, Nabeyacho, 220-1 1층
- 14:00~22:00(L.O.)
- 목요일 휴무(공휴일이면 영업)
- 한큐 교토가와라마치역 1A 출구에서 도보 2분

신선하다! NEW 스타일로 즐기는 **교토의 제철 채소**

교토에서 재배한 신선한 채소를 세련되게 즐기다

137
일 치프레소 기온 Il cipresso/祇園

100년 된 전통 가옥을 살려 기온의 하나미코지 근처에 자리 잡은 레스토랑. 전통 서양식 향토 요리를 바탕으로 교토산 채소는 물론 유럽에서 재배한 채소로 만든 메뉴를 선보인다. 총 일곱 가지 요리로 구성된 런치 코스ランチコース(8,000엔~)를 통해 셰프의 독창적인 영감에서 탄생한 아름답고 맛있는 사계절 요리를 만나보자.

품격 있는 전통 가옥에서 작은 정원을 감상하며 교토 특유의 분위기를 즐길 수 있다.

기온

일 치프레소 기온

☎ 075-533-7071 <예약 가능> 👤 17석
• 566 Gionmachi Minamigawa, Higashiyama Ward, Kyoto
• 12:00~15:00, 18:00~22:00 / 수요일 휴무
• 게이한 기온시조역 6번 출구에서 도보 3분

정원을 바라보며
제철 채소 요리를 맛보다

1.

2.

3.

1. 채소 숯불구이野菜の炭火焼き 550엔 등. **2.** 다양한 일식, 양식 채소 요리를 맛볼 수 있다. **3.** 그날그날 수확한 채소들을 표지판에 적어 놓아서 마음에 드는 채소를 고를 수 있다.

138

야사이 호리 _yasai hori_

시조가와라마치의 숨겨진 맛집 구역 '카유코지'에 있는 채소 요리 전문점. 아침에 수확한 채소로 요리하며, 채소 본연의 맛을 제대로 느낄 수 있는 숯불구이가 유명하다. 소금이나 버터 등 각 채소에 어울리는 조미료를 사용하기 때문에 다양한 메뉴를 즐기기 좋다. 채소 스무디와 지역 특산 사케 같은 음료 메뉴에도 심혈을 기울인다.

채소와 과일이 진열된 카운터석과 깔끔한 테이블석, 어느 좌석이든 편안하게 시간을 보낼 수 있다.

가와라마치

야사이 호리

☎ 075-555-2625 <예약 가능> 🪑 16석
• 565-11 Nakanocho, Nakagyo Ward, Kyoto
• 17:00~22:00 / 화요일 휴무
• 한큐 교토가와라마치역 9번 출구 근처

분위기 최고, **이곳에서만 즐길 수 있는 고급 디너**
특별한 날, 교토의 멋이 살아 있는 전통 가옥에서 보내는 우아한 시간

교토의 매력을 담은
현대적인 프랑스 요리

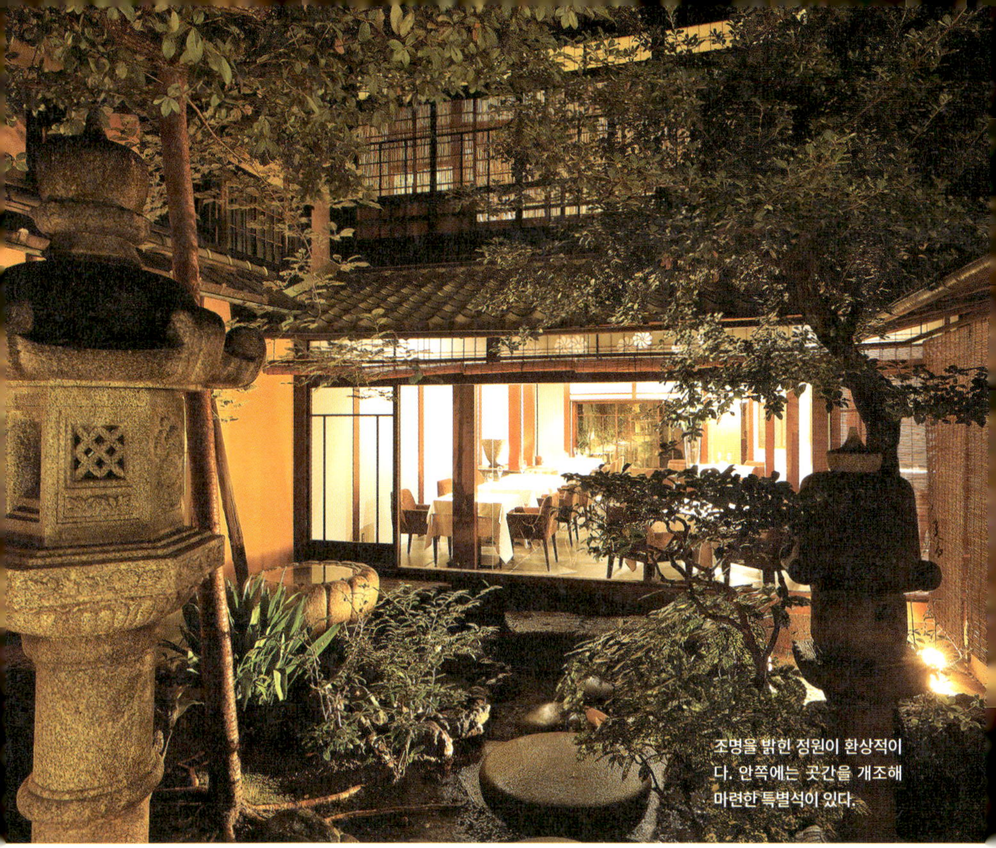

139

모토이 MOTOï

약 100평 규모 저택을 활용한 세련된 레스토랑. 셰프가 직접 교토 가미가모나 시즈하라의 농가를 찾아가 식재료를 엄선하며, 때로는 산에서 야생풀을 채집해 아름다운 요리를 만드는 데 활용한다. 디너 코스ディナーコース(22,000엔, 봉사료 별도)는 총 열세 가지 요리로 구성되며, 요리마다 정성껏 손질해 곁들인 제철 채소는 마흔 가지나 되어 감탄을 자아낸다. 소중한 사람과 색다른 기분을 내고 싶을 때 추천하는 맛집이다.

고쇼미나미

모토이

☎ 075-231-0709 <예약 필수> 👥 28석
• Kyoto, Nakagyo Ward, Tawarayacho 186
• 12:00~13:00, 18:00~19:00 / 수·목요일 휴무
• 지하철 교토시야쿠쇼마에역 3번 출구에서 도보 10분

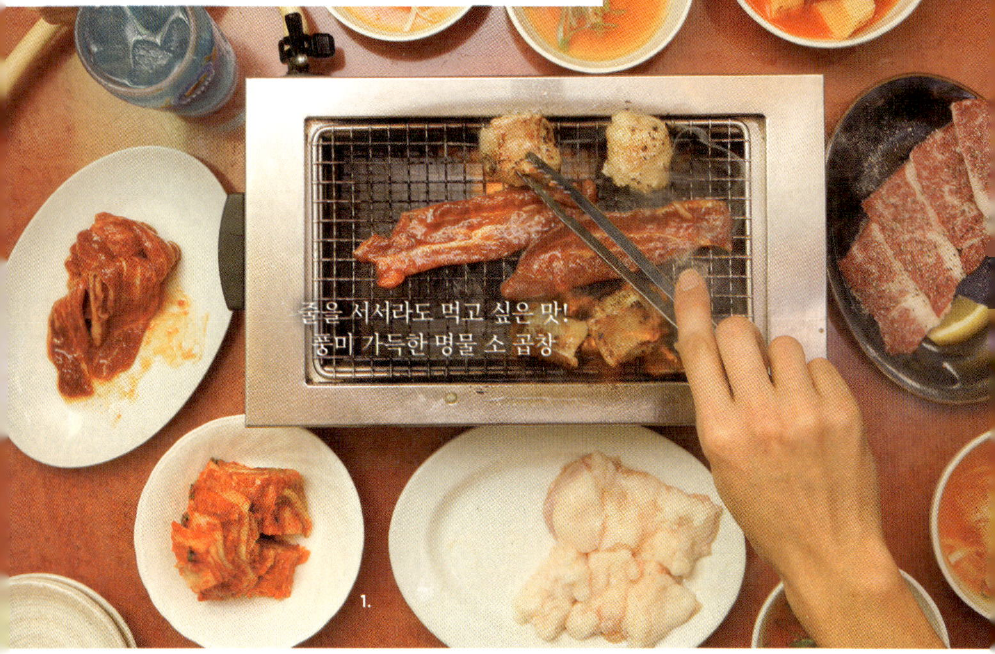

1.

140

야키니쿠 시오호르몬 아제 마쓰바라 본점

焼肉・塩ホルモン アジェ松原本店

대중적인 분위기와 부담 없는 가격 덕분에 매일 문전성시를 이루는 인기 맛집. 곱창, 상급 안창 살 등 인기 메뉴는 물론 소 앞다리 힘줄, 소의 식 도 등 희귀 부위도 판매한다. 밑간은 소금과 양념 중에 선택할 수 있으며, '아라이 소스(구운 고기를 씻듯이 찍어 먹는 육수 같은 맑은 소스)'에 찍어 기 름기를 쏙 뺀 뒤 담백하게 먹는 것이 특징. 천엽이 나 찌개 등 다양한 사이드 메뉴도 있다.

2.

1. 상급 안창살 上ハラミ 1,800엔, 소 볼살 天肉 1,000 엔, 배추김치 白菜キムチ 500 엔 등. **2.** 곱창 ホソ 750엔, 참 마 김치 長イモキムチ 500엔.

기야마치

야키니쿠 시오호르몬 아제 마쓰바라 본점

☎ 075-352-5757 <예약 가능> ♟ 34석
• Kyoto, Shimogyo Ward, Kiyamachi-dori, kiyomizucho 454-34 Mimatsu Hall 1층 / 구글맵에 Aje Matsubara Honten 검색
• 17:00~23:00(L.O. 22:30), 토·일요일, 공휴일은 16:00~
• 수·목요일 휴무 / 한큐 교토가와라마치역 4번 출구에서 도보 8분

141

교토 야키니쿠 엔엔 京都焼肉 enen

미쉐린 스타를 받은 프렌치 레스토랑에서 실력을 갈고닦은 셰프가 총괄하는 고깃집. 산지를 고정하지 않고 그날 상태가 가장 좋은 흑모 와규를 엄선해 판매한다. 우설에 파를 얹은 네기탄ネギタン(1,298엔)과 명물 와규 한입 소고기 초밥, 와규 테마리니쿠스시和牛手毬肉寿司를 맛볼 수 있는 예약 한정 디너 코스ディナーコース(5,500엔)가 인기다. 코스를 먹지 않더라도 예약하는 편이 좋다.

교토 폰토초 거리에 자리한 80년 넘은 전통 가옥을 감각적으로 개조했다.

폰토초

교토 야키니쿠 엔엔

☎ 075-286-7479 <예약 가능> 👥 32석
- 209-13 Nabeyacho, Nakagyo Ward, Kyoto
- 17:00~21:30(L.O.) / 연중무휴
- 한큐 교토가와라마치역 1A 출구에서 도보 3분

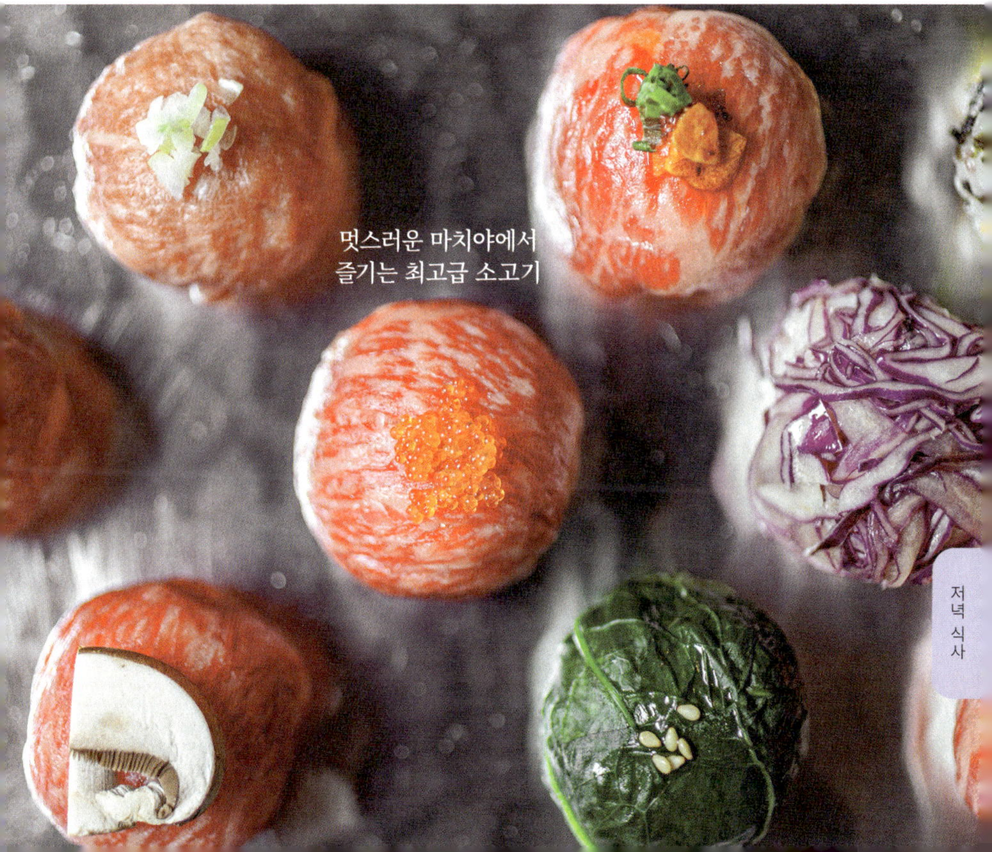

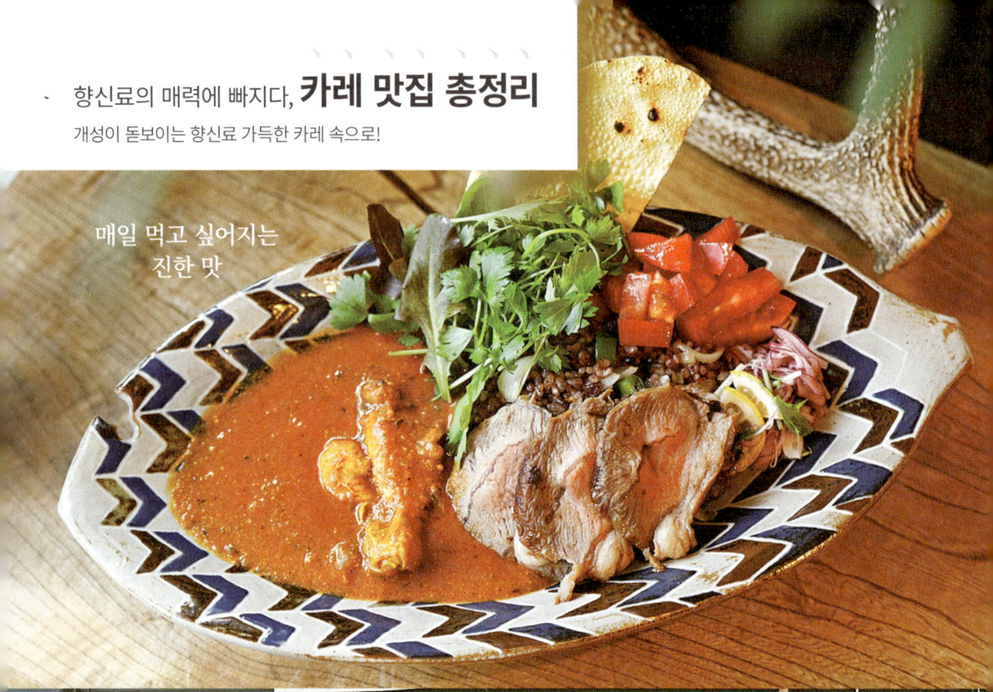

매일 먹고 싶어지는
진한 맛

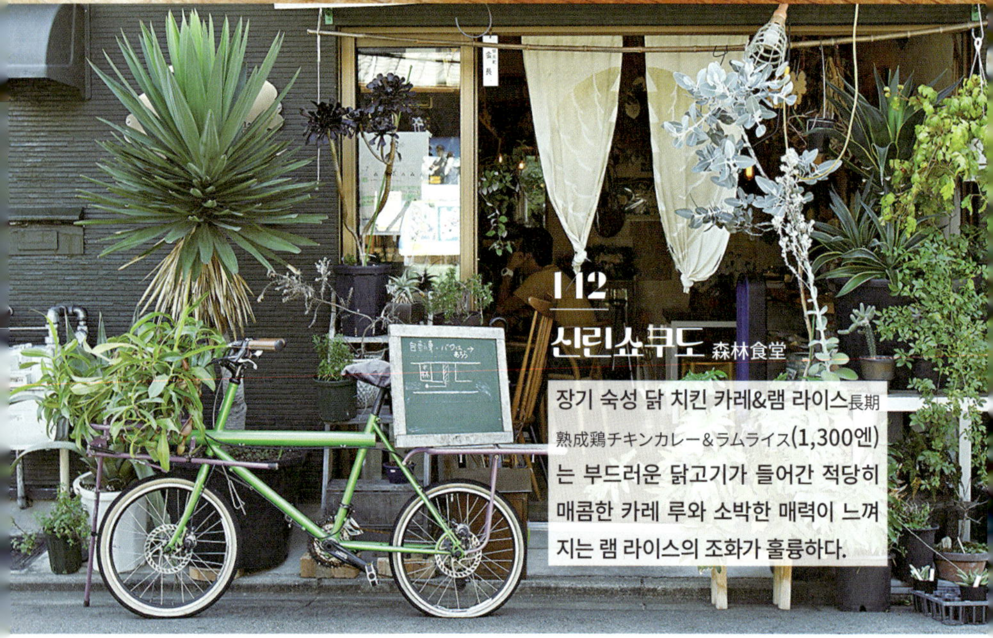

112
신린쇼쿠도 森林食堂

장기 숙성 닭 치킨 카레&램 라이스長期
熟成鶏チキンカレー＆ラムライス(1,300엔)
는 부드러운 닭고기가 들어간 적당히
매콤한 카레 루와 소박한 매력이 느껴
지는 램 라이스의 조화가 훌륭하다.

니조
신린쇼쿠도

☎ 비공개　♟ 12석
• 24-4 Uchihatacho, Nishinokyo, Nakagyo Ward, Kyoto
• 구글맵에 Shinrin Shokudo 검색
• 11:30~14:30(L.O.), 18:00~20:00(L.O.) / 부정기 휴무
• 지하철 니조역 3번 출구에서 도보 5분

143

교토 카레 제작소 카릴
京都カレー製作所 カリル

간판 메뉴인 치킨 카레チキンカレー(930엔). 묽게 흐르는 카레 루는 매운맛에 독자적으로 블렌딩한 향신료의 향이 식욕을 자극한다.

고쇼니시 교토 카레 제작소 카릴 

☎ 075-211-6110 <예약 불가> 🪑 21석
• 349-1 Haruobicho, Kamigyo Ward, Kyoto
• 11:00~15:00, 17:00~20:30(L.O. 20:00)
※토요일, 공휴일은 점심만 영업 / 일요일 휴무, 부정기 휴무
• 지하철 마루타마치역 2번 출구에서 도보 4분

스물한 가지 향신료가 만들어내는
진한 향과 깊은 맛

---

144 카말 カマル Kamal

큰직한 고기가 들어가고 혀가 얼얼할 정도로 매운 비프카레ビーフカレー (S)(1,100엔). 버터 치킨 카레バターチキンカレー와 키마 치킨 카레キーマチキンカレー 등도 있다.

가라스마오이케 카말 

☎ 075-211-3949 <예약 가능> 🪑 24석
• Kyoto, Nakagyo Ward, Hishiyacho, 32-1
• 11:30~15:00, 17:00~22:00
  (토·일요일, 공휴일은 11:30~22:00)
※라스트 오더는 영업 종료 30분 전 / 연중무휴
• 지하철 가라스마오이케역 5번 출구에서 도보 2분

첨가물 없이 만든 카레,
두 가지 맛을 한 접시에도 OK!

145

스파이스 챔버 SPICE CHAMBER

강렬하게 매운 키마 카레(매운맛)キーマカレー(辛)(1,200엔). 함께 들어간 매실장아찌와 피클이 자극적인 카레와 완벽한 조화를 이룬다.

시조카라스마 스파이스 챔버 

☎ 075-342-3813 <예약 불가> 🪑 14석
• Kyoto, Shimogyo Ward, Hakurakutencho, 502
• 11:30~15:00, 18:00~21:00(L.O. 20:45)
※토요일은 점심만 영업 / 일·월요일 휴무(월요일이
  공휴일이면 점심만 영업)
• 지하철 시조역 4번 출구에서 도보 3분

땀을 흘리면서도 먹고 싶은
중독성 강한 매운 카레

146

메시타 파네 에 비노

メッシタ パーネ エ ヴィーノ/Mescita Pane e Vino

피렌체에서 경험을 쌓은 오너 셰프가 추천하는 메뉴는 크고 두툼한 숙성육을 숯불에 구운 스테이크. 시가현의 유명 정육점 '사카에야'에서 가져온 경산우経産牛는 섬세한 육질과 깊은 맛이 매력이다. 이탈리아어로 '술집, 빵과 와인'을 뜻하는 가게 이름에 맞게 직접 구운 빵과 내추럴와인도 훌륭하다.

\ 모두 유기농! /

겉은 바짝, 속은 촉촉하게 구운 우둔살ランプ 100g 3,360엔, 꽃등심リブロース 100g 3,360엔 (사진은 200g)

시조카라스마

메시타 파네 에 비노

☎ 075-202-3783 <예약제> 🪑 18석
• Kyoto, Nakagyo Ward, Tenjinyamacho, 277 1층
• 구글맵에 Mescita Pane e Vino 검색
• 18:00~22:00 / 일요일 휴무
• 한큐 가라스마역 24번 출구에서 도보 3분

147

르 카토흐지엠 le 14e

오너인 시게노 셰프가 실력을 갈고닦았던 '파리 14구'에서 이름을 땄다. 소 해체부터 지육 관리까지, 직접하는 소고기 전문가 시게노 셰프가 야마가타산 경산우 등 소고기를 정성껏 조리해 제공한다. 기름을 듬뿍 둘러 구워서 겉은 튀긴 듯 바삭하고 속은 육즙이 가득해 촉촉하다.

야마가타산 소고기山形牛 100g 2,800엔~ 등. 붉은 살코기인 야마가타 경산우는 담백한 맛이 특징이다.

마루타마치

르 카토흐지엠

☎ 075-231-7009 <예약 필수> 🪑 10석
- 393-3 Iseyacho, Kamigyo Ward, Kyoto, 602-0873, 2층
- 18:00~21:30(L.O.), 토요일 및 공휴일은 17:00~
- 수·일요일 휴무
- 시내버스 가와라마치마루타마치 정류장 앞

혼자 가기 좋다, **셰프의 추천 메뉴가 맛있는 저녁 카페**

편하고 아늑해서 밤늦게 혼자 슬쩍 들르기 좋은 카페

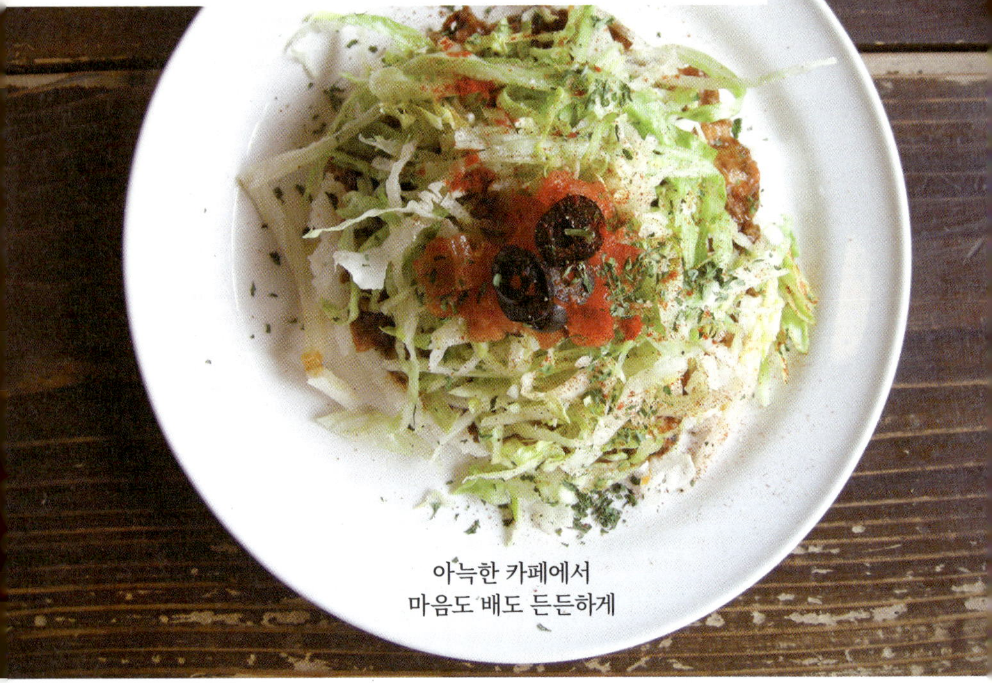

아늑한 카페에서
마음도 배도 든든하게

148

사라사 가유코지

さらさ花遊小路/Sarasa Kayu-koji

교토를 대표하는 마치야 카페 '사라사'. 런치부터 디너까지 푸짐한 다국적 요리를 즐길 수 있다. 단품 메뉴 외에도 밥에 푸짐한 반찬, 미니 샐러드, 수프, 음료로 구성된 세트 메뉴도 있다. 술과 디저트도 다양하다.

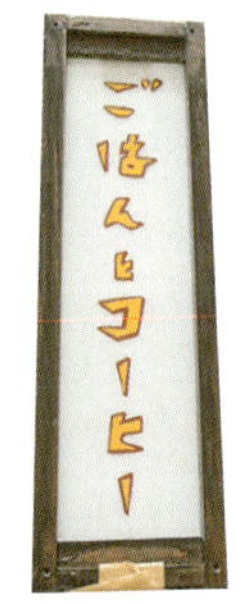

학생도
부담 없이

식사 메뉴도 알차서
언제 들러도 좋다.

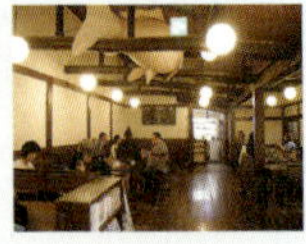

가와라마치

사라사 가유코지

☎ 075-212-2310 <예약 가능> 70석

- 604-8042 Kyoto, Nakagyo Ward, Nakanocho, 565-13
- 구글맵에 Sarasa Kayu-koji 검색
- 12:00~22:00(L.O.) / 수요일 휴무
- 한큐 교토가와라마치역 6번 출구 근처

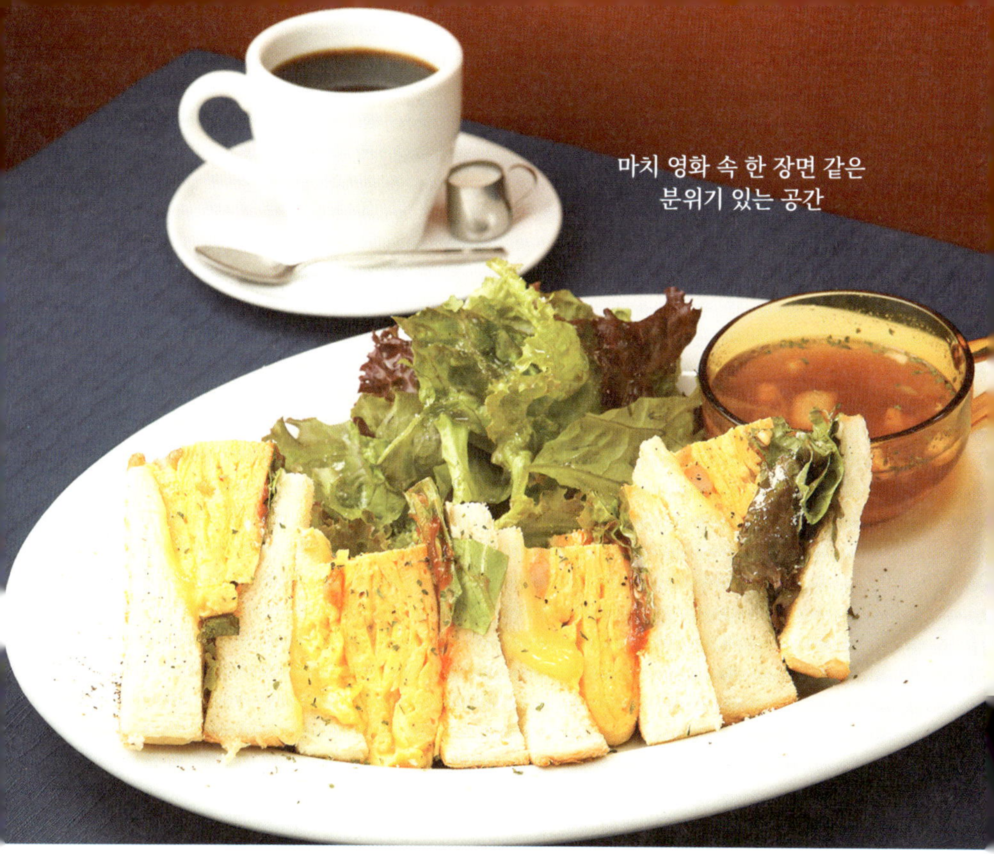

149

킷사 가보 喫茶 / GABOR

교토 인기 카페 '라 마드라그'의 자매점. 카페 이름은 빠트리스 르꽁트 감독의 영화 《걸 온 더 브릿지》 주인공의 이름에서 유래했다. 영화 속 세계처럼 매혹적이고 성숙한 분위기가 흐르는 공간에서 라 마드라그의 '원조 코로나 달걀 샌드위치コロナの玉子サンドイッチ 元味'(800엔)를 맛볼 수 있다.

매장 인테리어 소품도 주목

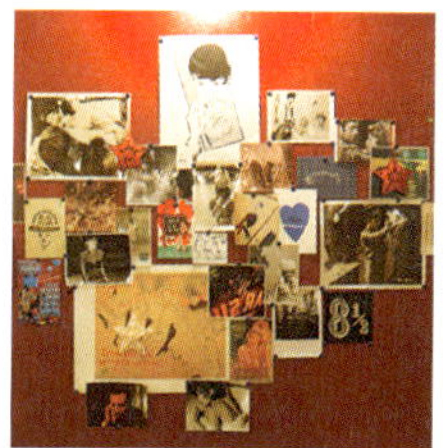

자유롭게 붙여 놓은 필름 사진이 감각적인 분위기를 완성한다.

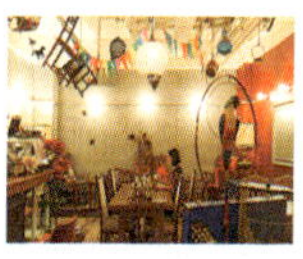

기야마치

킷사 가보

☎ 075-211-7533 <예약 가능> 20석

- Kyoto, Nakagyo Ward, Nakajimacho 103 Fujita Building 지하 1층
- 15:00~23:00(토·일요일 및 공휴일은 12:00~22:00) / 수요일 휴무
- 게이한 산조역 6번 출구에서 도보 3분

교토식 중국 요리를 맛보자!
게이샤들도 즐겨 찾는 고급 중국 요리와 함께 신나는 저녁을♡
뭐부터 먹을까?
담백하고 부담 없는
교토식 중국 요리

150

광동요리점 다케카
広東御料理 竹香

기온 신바시 근처의 중국 요리 전문점. 향
신료와 기름을 줄이고 한입 크기로 나눠
제공하는 탕수육, 스부타すぶた(1,100엔)
등 '교토식 중국 요리'는 기온의 게이샤들
사이에서 큰 사랑을 받고 있다.

기온

광동요리점 다케카

☎ 075-561-1209 <코스만 예약 가능> 🪑 40석
• 605-0083 Kyoto, Higashiyama Ward,
  Hashimotocho, 390 / 구글맵에 Gion Takeka 검색
• 17:00~21:00 / 화요일 휴무
• 게이한 기온시조역 9번 출구에서 도보 4분

땀이 송골송골 맺히는
한국 본토의 찌개

무툼한 돼지고기와 양념 육수
의 조합이 맛있는 짜글짜글 찌
개チャグルチャグル鍋 1인분
1,800엔(주문은 2인분~).

151

짜글짜글 チャグルチャグル

한국에서 친숙한 찌개와 철판요리를 판
매하는 식당. 삼겹살サムギョプサル(1인분
2,500엔, 주문은 2인분~)은 나물, 김치, 밥
등도 함께 나와 푸짐하다.

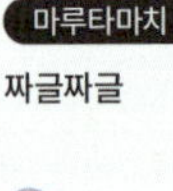

(마루타마치)

짜글짜글

☎ 075-746-5289 <예약 가능> 👥 28석
• Kyoto, Nakagyo Ward, Daimonjicho 242-5 2층
• 구글맵에 Chaguru Chaguru 검색
• 17:00~23:00 / 목요일 및 셋째 주 수요일 휴무
• 게이한 진구마루타마치역 1번 출구에서 도보 6분

152

유라라 ラオス料理 / YuLaLa

라오스에서 음식점을 운영한 경험이 있는 부부가 라오스 현지의 가정식을 선보인다. 신선한 현지 채소와 허브를 소박하고 정겨운 맛으로 담아내 호평이 자자하다.

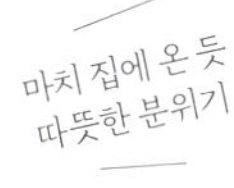

마치 집에 온 듯 따뜻한 분위기

톰솜가이 トムソムガイ 1,540엔, 비어 라오 ビアラオ 700엔, 카오니아오 カオニャオ 550엔.

시조카라스마
유라라

☎ 080-6214-2546 <예약 가능> 👤 12석
- Kyoto, Shimogyo Ward, Marinokojicho, 163
- 17:00~21:30(L.O.) / 화·수요일 휴무
- 지하철 시조역 5번 출구에서 도보 10분

153

인디아 게이트

ビリヤニ専門店 INDIA GATE

세련된 공간에서 즐기는 인도 요리 비리야니. 가장 인기 있는 메뉴인 도미 육수 치킨 비리야니는 도미 뼈로 우린 깊고 진한 육수를 사용해서 도미 맛이 은은하게 느껴진다.

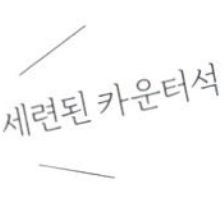
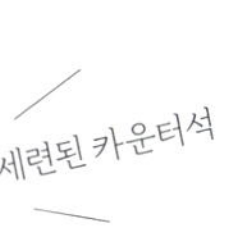

세련된 카운터석

도미 육수 치킨 비리야니 鯛出汁チキンビリヤニ 1,400엔.

시조카라스마
인디아 게이트

☎ 075-708-2414 <예약 가능> 👤 8석
- 271 Tenjinyamacho, Nakagyo Ward, Kyoto
- 11:30~21:00(품절 시 영업 종료) / 수·목요일 휴무
- 한큐 가라스마역 24번 출구에서 도보 5분

오늘 밤은 **유럽**으로!

외국인이 많이 사는 교토에는 정통 유럽 요리를 맛볼 수 있는 맛집도 즐비

채소를 듬뿍 얹은 바삭바삭한 갈레트는 플레이팅도 아름답다.
오늘의 갈레트本日のガレット 1,375엔~(계절에 따라 재료가 바뀐다).

154

뇌프 크레페리
고쇼미나미점

NEUF CRÊPERIE.御所南店

프랑스에서 갈레트의 매력에 빠진 오너가
직접 운영하는 전문점. 네다섯 가지 갈레
트가 매일 바뀐다. 아침에는 모닝 세트モー
ニングセット(1,045엔~)도 있다.

고쇼미나미

뇌프 크레페리
고쇼미나미점

☎ 075-200-4258 <예약 가능> 👤 30석

• 550-1 Yamanakacho, Nakagyo Ward, Kyoto
• 구글맵에 Neuf Creperie 검색
• 10:00~16:30(L.O. 16:00), 토·일요일 및 공휴일
  ~17:00(L.O. 16:30), 넷째 주 목요일 휴무
• 지하철 가라스마오이케역 2번 출구에서 도보 10분

보르시ボルシチ 1,090엔.

155

레스토랑 키에프

レストラン キエフ/ Kiev Restaurant

정통 러시아, 우크라이나 요리를 선
보인다. 채소를 듬뿍 넣어 끓인 보르
시와 피로시키 등을 가모가와 강을
바라보며 맛볼 수 있다.

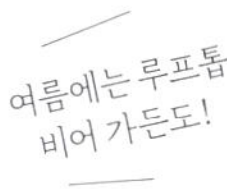

피로시키ピロシキ 360엔.

기온

레스토랑 키에프

☎ 075-525-0860 <예약 가능> 🪑 80석
- Kyoto, Higashiyama Ward, Nijuikkencho,
  236 Oto Building 6층
- 12:00~21:00(L.O. 20:00)
- 부정기 휴무 / 게이한 기온시조역 7번 출구 앞

156

아모레 기야마치

アモーレ 木屋町
Amore Kiyamachi Kyoto

가모가와 강 마치야에 자리 잡은 이
탈리안 레스토랑. 본토의 분위기를
담은 다양한 메뉴 중에서도 특히 인
기가 많은 메뉴는 화덕에서 갓 구운
따뜻한 피자. 풍부한 와인 리스트와
함께 즐겨보자.

2.

1. 인기 메뉴인 화덕 피자窯焼きピッツァ 1,700엔~, 전채 모둠前菜
盛り合わせ 2인 2,800엔 등(재료는 시기에 따라 다름). 2. 강가 테
라스석 영업은 5~9월.

기야마치

아모레 기야마치

☎ 075-708-7791 <예약 가능> 🪑 120석
- 161 Izumiyacho, Shimogyo Ward, Kyoto
- 구글맵에 Amore Kiyamachi Kyoto 검색
- 11:30~15:00(L.O. 14:30), 17:00~22:00(L.O. 21:30)
  ※계절에 따라 변경될 수 있음 / 연중무휴
- 한큐 교토가와라마치역 18번 출구에서 도보 4분

화제의 술집 집합소

유아사 회관에 잠입하다!

1F : 스탠드바

스탠딩 오베이션
STANDING OVATION

고조에 있는 인기 이탈리안 레스토랑 '하시야와 나카세ハシヤとナカセ'의 2호점. 다양한 술과 창작 요리를 즐길 수 있다.

양고기 슈마이ラム焼売 (300엔)에는 페코리노 치즈가 듬뿍 들어 있다. 와인 리스트는 시즌에 따라 달라진다.

스탠딩 오베이션
☎ 비공개 <예약 불가>　👤 30석
• 16:00~24:00(L.O. 23:30)
• 일요일 휴무, 부정기 휴무

1F : 프렌치 비스트로

숯불 비스트로 낫선 炭火ビストロ
Nattsun/Sumibi Bistro Nattsun
STANDING OVATION

'프랑스 요리×닭꼬치'가 테마. 그날 잡은 신선한 닭을 와인과 잘 어울리는 캐주얼한 숯불 요리로 즐길 수 있다.

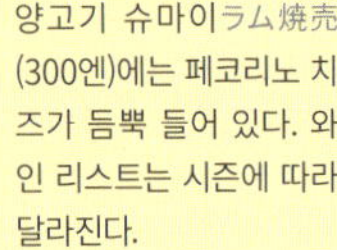

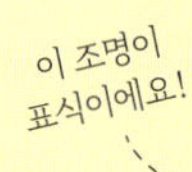

닭 간 파테鶏レバーパテ 770엔, 닭꼬치 앙상블焼きとりアンサンブル 1,760엔, 닭고기 버거鶏つくねバーガー 880엔, 와인 1잔 770~1,100엔.

숯불 비스트로 낫선
☎ 090-1023-6535 <예약 가능>　👤 12석
• 10:00~ 품절 시 영업 종료 / 월요일 휴무
• 부정기 휴무 ※보름과 보름 전날은 종일 영업

운치 있는 전통 가옥에서 즐기는 술집 투어

전통 가옥을 개조한 공간에 다양한 술집이 모여 있는 '음식회관'. 건물 안을 돌아다니며 즐기는 '술집 투어'는 교토만의 술 문화다.

1913년(다이쇼 2년)에 지어진 전통 가옥 마치야를 개조해 2024년에 문을 연 '유아사 회관'은 지하철 고조역에서 도보 4분 거리에 있다. 건물 내부는 여섯 개 공간으로 나뉘며 2024년 8월 현재 네 개 점포가 영업하고 있다.

메뉴는 니쿤추 오마카세肉人お任せ (약 10,000엔) 단 하나. 전채요리와 매일 바뀌는 고기 8~10 종류를 다양하게 즐길 수 있다.

니쿤추肉人

고기 마니아들 사이에서도 유명한 숯불구이 맛집 '다이쇼엔大翔苑'의 오너가 새로 연 식당. 최고급 흑모 와규를 코스로 맛볼 수 있다.

니쿤추
☎ 090-4455-4129 <예약 가능> ⍨ 10석
• 18:00~21:00 / 화요일 휴무, 부정기 휴무

와슈키사이유산
和酒季彩ゆう餐

벽 한 면을 가득 채운 사케 병들이 시선을 사로잡는 공간에서 제철 재료로 만든 창작 일식을 맛볼 수 있다.

피스타치오 튀김ピスタチオの天ぷら 800엔(좌), 가리비와 제철 채소 구이 샐러드ホタテと旬菜の焼サラダ 1,300엔 (우), 계절 사케 도쿠리 1병 1,200엔~.

내부가 긴 마치야의 구조가 일상과는 다른 특별한 분위기를 자아낸다. 간판을 보고 마음에 드는 가게를 고르자!

와슈키사이유산
☎ 070-1773-7793 <예약 가능> ⍨ 16석
• 17:00~24:00(L.O. 23:00)
• 수요일 및 첫째·셋째 주 화요일 휴무

1층에는 숯불 요리를 중심으로 창의적인 안주를 즐길 수 있는 스탠드바 '스탠딩 오베이션'과 프랑스를 사랑하는 오너의 마음이 담긴 '숯불 비스트로 낫선'이 있다.
2층에는 고기에 진심인 오너가 카운터에서 정겹게 맞아주는 고깃집 '니쿤추', 일본 요리 셰프가 운영하는 아지트 분위기가 물씬 풍기는 선술집 '와슈키사이유산' 등 개성 넘치는 맛집이 가득하다.

Photo : ©Forward Stroke inc.

고조

유아사 회관 湯浅会館

• Kyoto, Shimogyo Ward, Kameyacho, 172
• 지하철 고조역 1번 출구에서 도보 4분
• 영업시간 및 휴무는 점포마다 다름

고래 베이컨(닛신마루)鯨ベーコン(日新丸)(1,600엔) 같은 진미도 있다.

니시진　신메

☎ 075-461-3635 <예약 가능> 👥 30석
• 38 Tamayacho, Kamigyo Ward, Kyoto / 17:00~21:30
• 일요일 휴무 / 시내버스 센본나카다치우리 정류장 근처

161

신메 神馬

교토 니시진 지역의 상류층 단골 손님들에게 사랑받는 쇼와 시대 초기에 문을 연 노포. 여름에는 갯장어, 겨울에는 게 등 엄선한 식재료로 정갈한 음식을 만든다. 오직 이곳에서만 맛볼 수 있는 직접 블렌딩한 사케와 함께 맛보자.

자라탕, 숫폰나베
すっぽん鍋 1,400엔(소)

편안하고 마음이 따뜻해지는 공간도 매력.

기온　고나베야 이사키치

☎ 075-531-8803 <예약 가능> 👥 16석
• 605-0088 Kyoto, Higashiyama Ward, Nishino-cho 232-5
• 18:00~다음 날 03:00 / 일요일 및 공휴일 휴무
• 게이한 기온시조역 9번 출구에서 도보 5분

162

고나베야 이사키치

小鍋屋 いさきち/Isakichi

제철 재료를 살린 다양한 전골을 만날 수 있다. 유바 전골 ゆばなべ (1,650엔), 닭고기와 구조네기 전골 鶏と九条ネギの鍋(1,980엔) 등 전골 요리 외에도 카운터에 열 가지가 넘는 오반자이가 마련되어 있다.

\ 명물 유바 전골 /

163

에비스가와 교자 나카지마 돈구리점

夷川ぎょうざなかじま 団栗店

현지에서도 특히 인기가 많은 '돈구리 회관'에 '교자탕ぎょうざ湯'이라는 이름의 독특한 프라이빗 온천이 있다. 레트로 감성이 가득한 공간에서 맛보는 맥주와 교자의 환상적인 조합이 맛있다.

교자餃子 5개
400엔~

레트로 감성이 가득한 동네 중국집 분위기. 안쪽에는 좌식 공간도 있다.

기온

에비스가와 교자
나카지마 돈구리점

☎ 075-533-4126 <예약 가능> ♗ 30석
• 206-1, Rokukencho, Higashiyama Ward, Kyoto
• 11:30~14:00, 17:00~23:00 / 연중무휴
• 게이한 기온시조역 1번 출구 앞 ※예약은 17:00이후만

164

쿄고쿠 스탠드 京極スタンド

남녀노소 누구나 사랑하는 음식점 겸 술집. 쇼와 시대 초기에 문을 연 이후 옛 정취를 그대로 간직한 공간에서 안주부터 정식, 양식 등 다양한 메뉴를 판매한다. 전석 합석제라 혼자여도 외롭지 않다.

긴 대리석 테이블에는 혼자 식사하는 손님도 많다.

햄가쓰ハムカツ
600엔

신쿄고쿠

쿄고쿠 스탠드

☎ 075-221-4156 <예약 불가> ♗ 40석
• 604-8042 Kyoto, Nakagyo Ward, Nakanocho, 546
• 12:00~21:00 / 화요일 휴무
• 한큐 교토가와라마치역 9번 출구 근처

저녁
식사

2차는 **이탈리아 감성** 가득한 세련된 공간에서

혼자서도 근사한 시간을 보낼 수 있는 그림처럼 멋진 바!

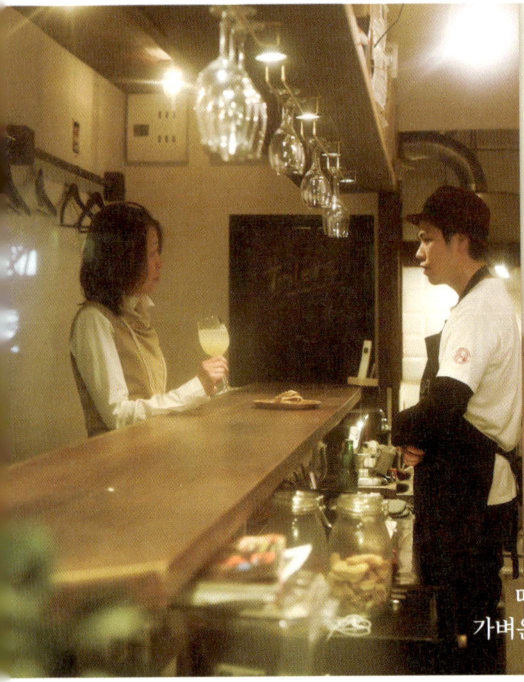

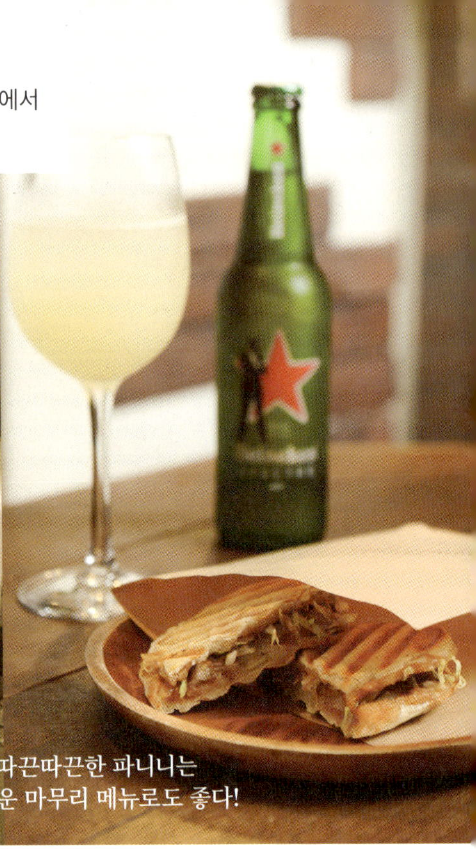

따끈따끈한 파니니는
가벼운 마무리 메뉴로도 좋다!

165

반코 BANCO

이탈리아어로 '카운터'를 뜻하는 이름의 스탠드 바. 기야마치 거리에 있다. 글라스 와인グラスワイン(600엔~)을 마시러 부담 없이 들르기 좋다. 음식 메뉴는 원하는 재료를 넣어 만들어 주는 파니니가 유명하다. 정겨운 직원들과 나누는 담소도 이곳의 매력이다.

\ 메뉴는 칠판에 /

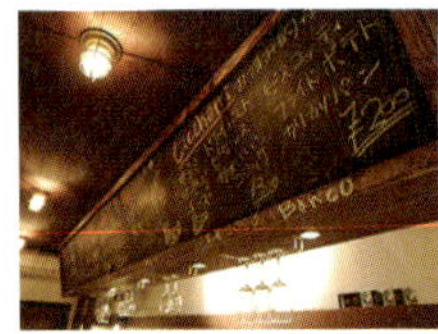

1. 가볍게 즐기기 좋은 스탠드바. **2.** 재료를 내 마음대로 고르는 파니니パニーニ 800엔~. **3.** 와인 외에 칵테일カクテル(700엔~) 등도 있다.

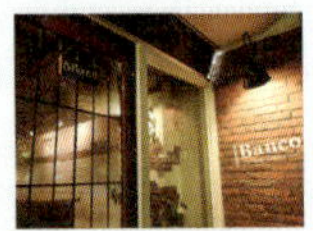

기야마치

반코

- ☎ 비공개 <예약 불가> 없음(스탠드바만 운영)
- 1층 188-3 Zaimokucho, Nakagyo Ward, Kyoto
- 구글맵에 Banco Kyoto 검색
- 18:00~다음 날 03:00 / 월요일 휴무(공휴일이면 영업, 다음 날 휴무)
- 시내버스 가와라마치산조 정류장에서 도보 3분

166

와인도 葡萄酒堂

이탈리아에서 소믈리에 자격증을 취득한 오너가 운영하는 와인 바. 항상 약 스무 가지 이탈리아 와인을 글라스로 즐길 수 있으며 일식 셰프가 만든 달걀말이와 회도 즐길 수 있다. 와인 샘플러ワイン飲み比べセット는 화이트, 레드는 물론 이탈리아 북부, 중부, 남부 등 지역별로도 맛볼 수 있다.

\ 와인에 일식 /

1. 글라스 와인グラスワイン 900엔. 세 가지 와인을 비교하며 마실 수 있는 추천 메뉴. **2.** 맛이 진한 달걀말이鬼だし巻玉子 770엔. 가다랑어와 다시마를 우린 육수를 듬뿍 넣어 만든 메뉴.

(시조카라스마)

와인도

☎ 075-708-8888 <예약 가능> 🪑 20석
• 47-12 Motoakuojicho, Shimogyo Ward, Kyoto
• 11:30~14:30, 17:00~24:00 / 일요일 휴무
• 지하철 시조역 3번 출구에서 도보 3분

절경을 안주 삼다! 몽환적인 Bar에서 한잔
교토의 매력을 조금 더 깊게 느끼고 싶다면 이곳으로!
360도로 펼쳐지는
아름다운 파노라마 전경

167

K36 바&루프톱
K36 The Bar & Rooftop

옛 기요미즈초등학교 건물을 그대로 살려 만든 '더 호텔 세이류 교토 기요미즈' 4층과 옥상에 있는 두 개의 바. 교토를 대표하는 바 'K6'의 니시다 미노루가 총괄한 음료를 아름다운 교토 시내와 함께 즐길 수 있다. 로맨틱한 어른들의 밤에 딱 맞는 분위기를 만끽하자.

1. 교토에서 콘셉트가 다른 바들을 선보이는 니시다 미노루의 손길이 깃든 바.
2. 칵테일カクテル 1,650엔~.

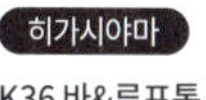

K36 바&루프톱

☎ 075-541-3636 <예약 가능> 🪑 100석
• Kyoto, Higashiyama Ward, Kiyomizu, 2 Chome−204-2 4F(The Hotel Seiryu)
• 15:00~24:00(L.O. 음식 23:00, 음료 23:30)
※영업시간은 계절에 따라 다름 / 부정기 휴무
• 시내버스 기요미즈미치 정류장에서 도보 5분

저녁 식사

**100년 넘은 전통 가옥에서
낮부터 건배!**

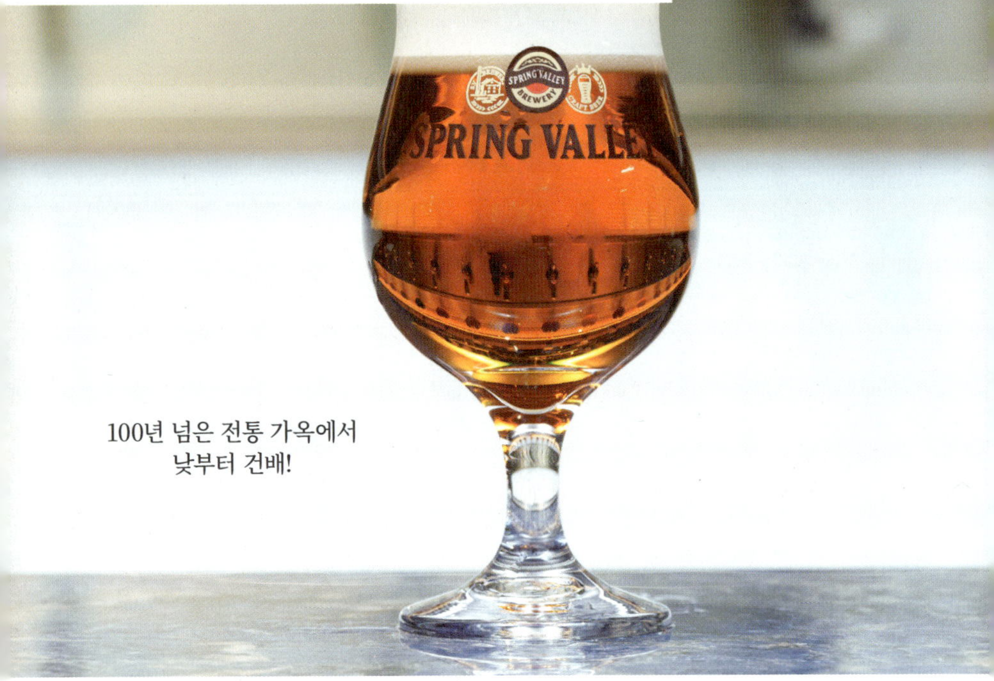

168

스프링 밸리 브루어리 교토
SPRING VALLEY BREWERY KYOTO

수제 맥주 양조장을 함께 운영하는 레스토랑. 탄산가스 대신 질소가스로 거품을 만들어 '섬세하고 부드러운 거품'이 매력인 스프링 밸리 호준 <496> 레귤러 プリングバレー豊潤〈496〉レギュラー(820엔) 외에도 인기 수제 맥주 일곱 가지를 즐길 수 있다. 셰프가 일본 식재료로 정성을 담아 만든 수제 일본 요리는 맥주와 찰떡궁합이다.

눈이 즐거운
\ 다채로운 색감! /

교토의 계절을 담은 여섯 가지 오반자이 모둠 おばんざい6種 盛り合わせ 1,800엔.

가와라마치

스프링 밸리 브루어리 교토

☎ 075-231-4960 <예약 가능> ♟ 112석
• Kyoto, Nakagyo Ward, Tominokoji-dori 587-2
• 11:30~22:00(L.O.), 일요일 및 공휴일은 ~21:00(L.O.) 부정기 휴무
• 한큐 교토가와라마치역에서 도보 3분

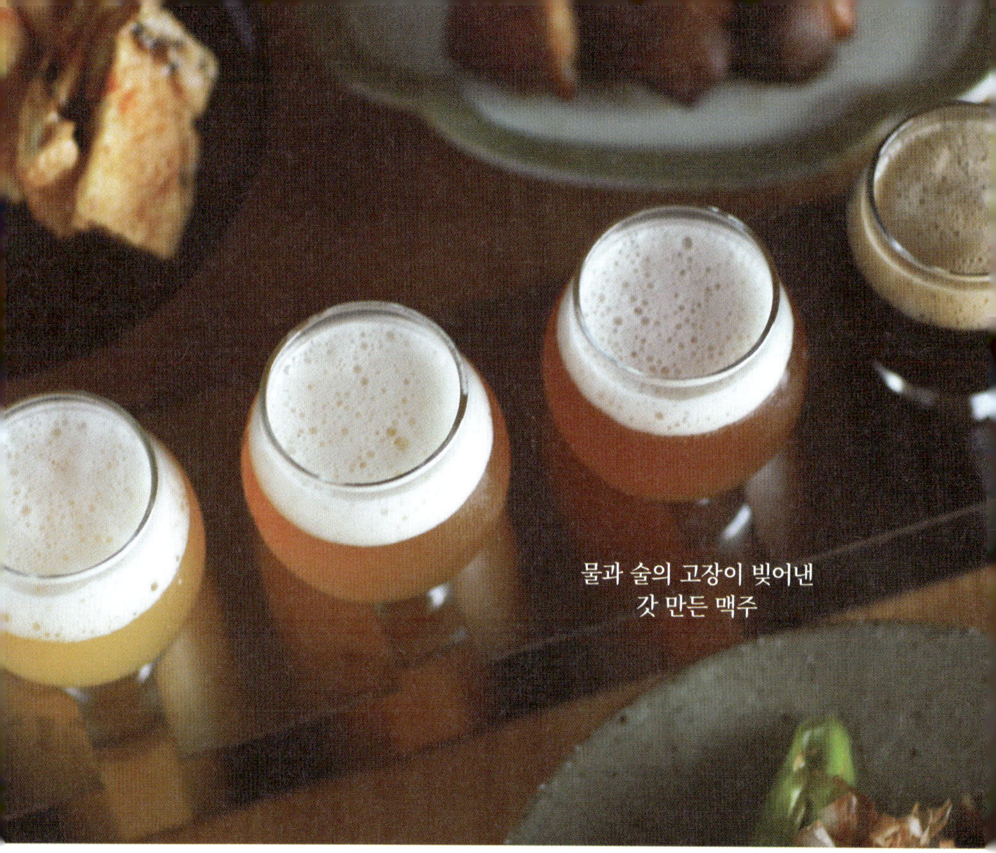

169

야모리도 家守堂

교토에서 손꼽히는 술의 거리 후시미에 자리 잡은 브루펍. 메이지 시대 초기에 지은 전통 가옥을 개조한 공간에 펍과 양조장을 함께 운영해서 신선한 수제 맥주를 부담 없는 가격에 즐길 수 있다. 교토 우지에서 재배한 차와 유자 껍질로 만든 '차 가부키茶かぶき' 등 교토 특산물로 만든 맥주도 판매한다.

맥주ビール 200㎖ 550엔~. 다양하게 맛보고 싶다면 하우스 맥주 4종 테이스팅 세트ハウスビール4種テイスティングセット(1,500엔)를 추천.

후시미

야모리도

☎ 075-603-3080 <예약 가능> 👤 36석
• 108 Nakaaburakakecho, Fushimi Ward, Kyoto
• 11:00~22:00(L.O. 음식 21:00, 음료 21:30)
  월요일 휴무(공휴일이면 다음 평일)
• 게이한 후시미모모야마역 서쪽 출구에서 도보 7분

사케에 안주, **극락으로 가는 편도 티켓**

오너가 엄선한 사케와 센스 넘치는 안주가 가득한 맛집!

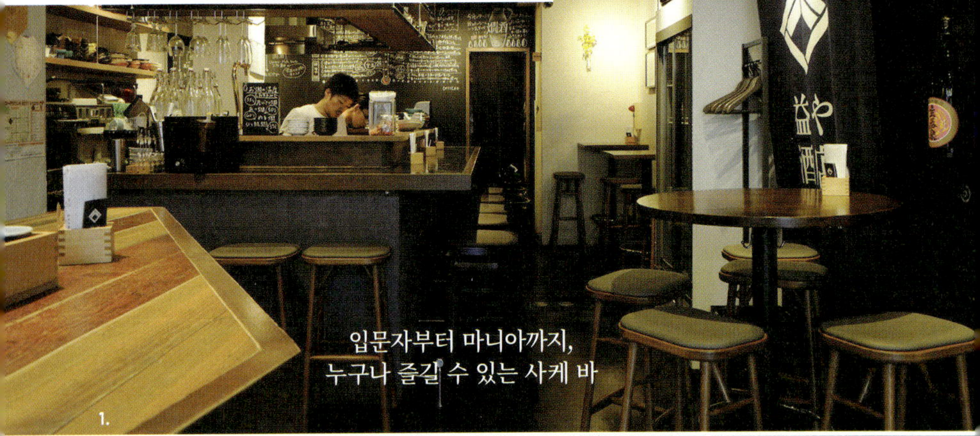

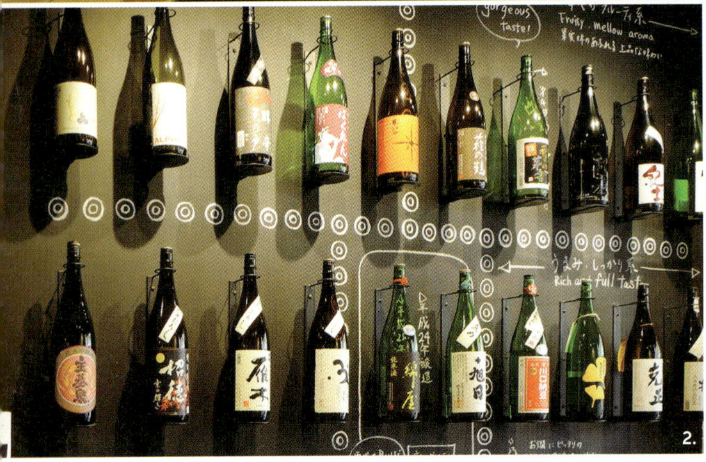

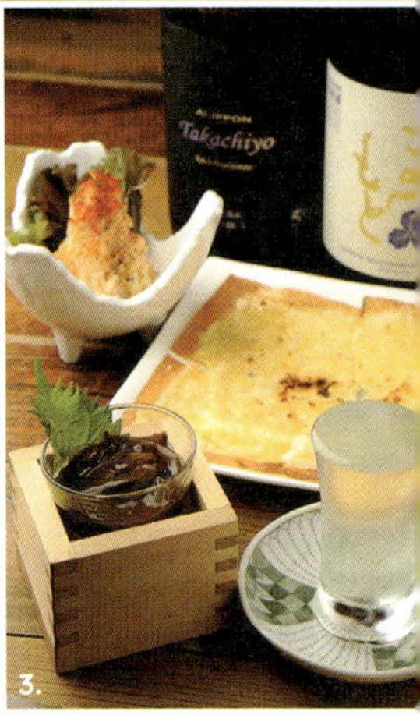

입문자부터 마니아까지,
누구나 즐길 수 있는 사케 바

1. 카운터, 테이블, 스탠딩 중 원하는 자리를 선택할 수 있다. **2.** 1.8ℓ짜리 사케들을 바라보며 오늘의 한 병을 고르자.
3. 사케日本酒는 한 잔 490엔~. 블루치즈를 넣은 유바 피자湯葉ピザ 660엔.

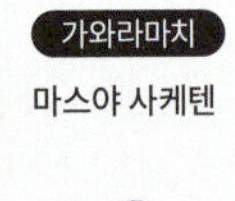

☎ 075-256-0221 <예약 가능> 👥 26석
- Kyoto, Nakagyo Ward, Dainichicho, 426 1층
- 15:00~24:00(월요일은 17:00~,
  토·일요일 및 공휴일은 12:00~) / 부정기 휴무
- 한큐 교토가와라마치역 9번 출구 근처

170
마스야 사케텐 益や酒店

교토, 시가, 나라를 중심으로 전국 각지의 사케를 모아 그날의 추천 사케 1.8ℓ들을 벽에 전시한다. 종류가 다양하니 좋아하는 맛을 찾아보자. 오반자이나 별미 안주도 인기가 많다.

171

니혼슈야 슈로쿠
にほんしゅ屋しゅうろく

혼자서도 편하게 시간을 보낼 수 있는 포근한 분위기. 점원이 손님의 취향에 맞는 사케를 추천해 준다.

카운터석에서 술과 안주를 여유롭게 즐길 수 있다.

몸을 따뜻하게 데워 주는 어묵おでん 한 그릇 220엔.

따끈따끈한 어묵

가라스마고조
니혼슈야 슈로쿠

☎ 075-366-4606 <예약 가능> 🧍 11석
- Kyoto, Shimogyo Ward, Ishifudonocho, 682-3 H7
- 18:00~24:00 / 월요일 휴무(공휴일이면 다음 날)
- 시조가와라마치에서 도보 8분

172

니혼슈 BAR 아사쿠라
日本酒BAR あさくら

기야마치 골목 안쪽 2층에 자리한 조용한 술집. 술만 마셔도 맛있게 즐길 수 있는 사케를 100여 가지 이상 갖추고 있다. 사케가 처음이라면 오너에게 추천을 받아보자.

박식한 오너를 믿고 새로운 맛과 만나보자.

희귀한 술도 많다

첫 방문이라면 시음 세트利き酒セット(1,870엔~)로 취향에 맞는 맛을 찾아보자.

교토시청 앞
니혼슈 BAR 아사쿠라

☎ 075-212-4417 <예약 가능> 🧍 11석
- Kyoto, Nakagyo Ward, Kamiosakacho, 518-2 2층
- 구글맵에 SAKE BAR ASAKURA 검색
- 18:00~다음 날 01:00 / 화요일 휴무
- 지하철 교토시야쿠쇼마에역 1번 출구 근처

저녁 식사

○○와 와인의 절묘한 궁합

전문가가 고른 와인과 정성 가득한 요리의 완벽한 조합에 감탄!

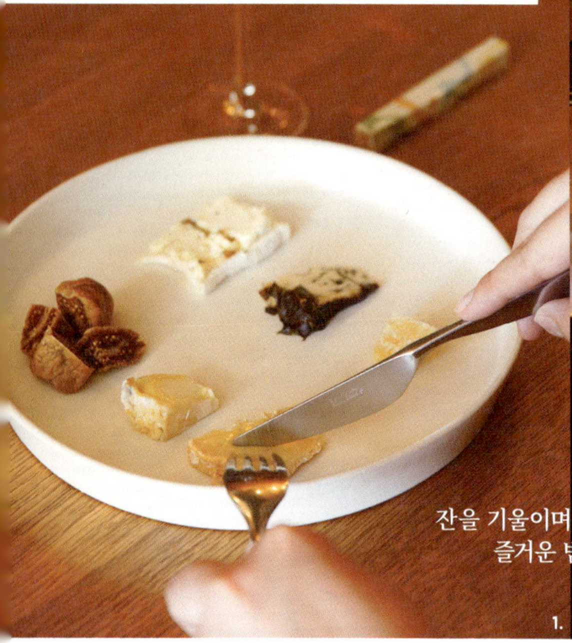

1.

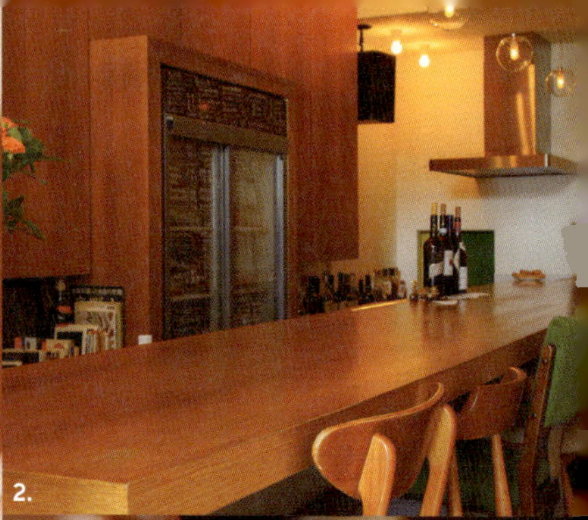

2.

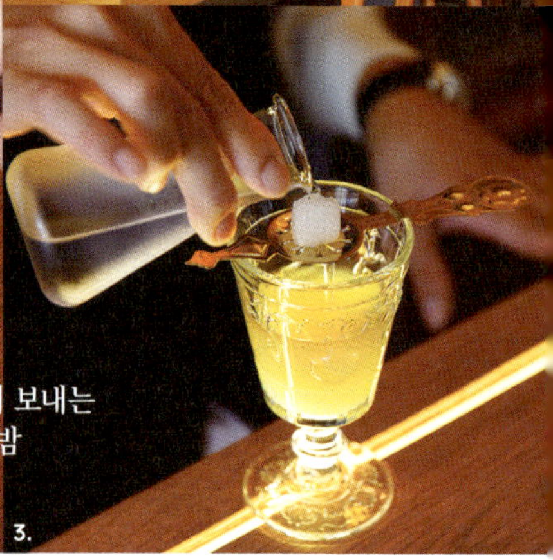

3.

잔을 기울이며 보내는
즐거운 밤

173

치즈와 와인과 베르무트 ROKKA

チーズとワインと ヴェルモット ROKKA

베르무트와 압생트 같은 허브 리큐르 외에도 와인과 세계 각국의 치즈를 즐길 수 있는 개성 넘치는 바. 와인 등 술에 조예가 깊은 오너 하기와라와 유쾌한 대화를 나눌 수 있는 점도 매력이다. 수제 디저트와 달콤한 와인을 주문해서 카페처럼 여유로운 시간을 보내도 좋다.

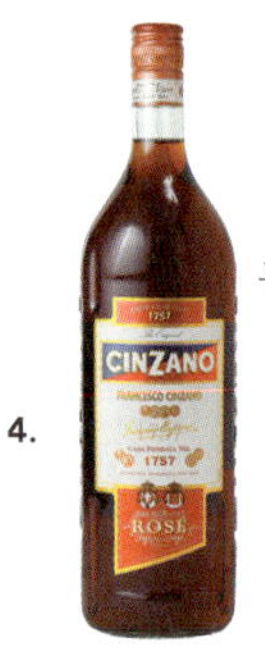

4.

오늘 밤은
무얼 마실까?

1. 모둠 치즈チーズ盛り合わせ 2,000엔. **2.** 나무로 포근한 분위기를 연출했다. **3.** 전용 잔으로 즐기는 압생트 한 잔. **4.** 추천 와인을 물어보자.

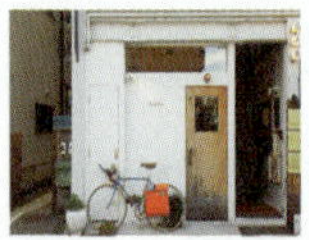

가라스마오이케

치즈와 와인과 베르무트 ROKKA

CARD

☎ 075-253-1196 <예약 가능> 6석
- 55-3 Matsuyacho, Nakagyo Ward, Kyoto
- 구글맵에 Rokka Kyoto 검색
- 15:00~24:00 / 부정기 휴무
- 지하철 가라스마오이케역 1번 출구에서 도보 8분

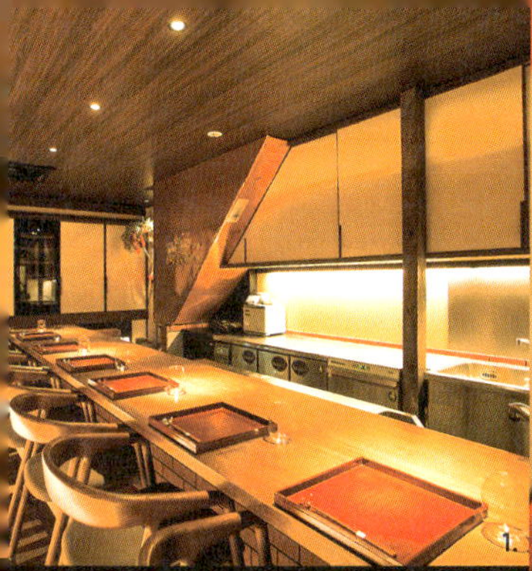

174

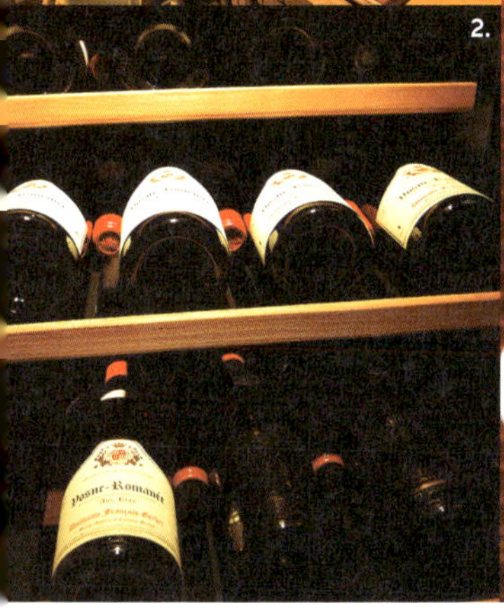

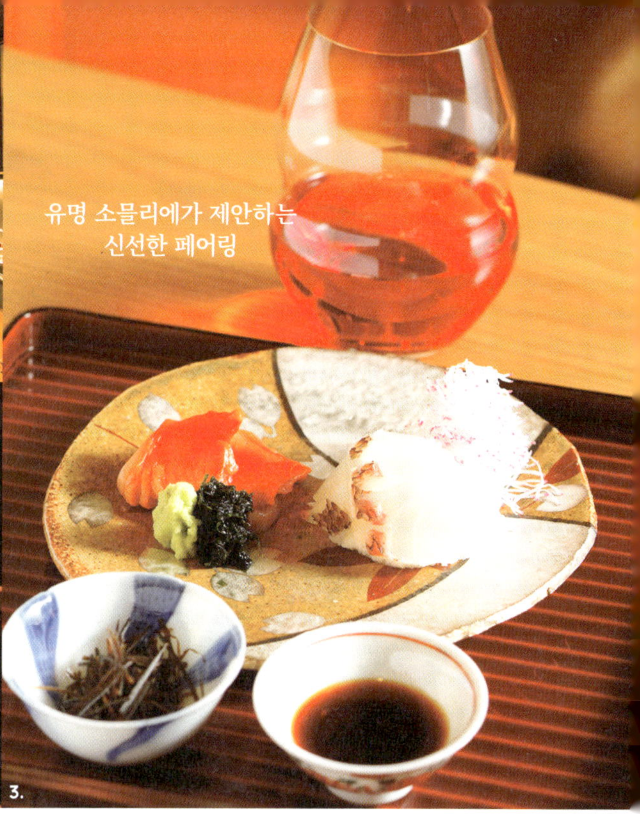

와인과 일식 요리 미쿠리
ワインと和食 みくり

오너는 화려한 경력을 자랑하는 시니어 소믈리에 니시벳토 에라부. 교토 요리를 중심으로 한 정갈한 일식과 와인의 페어링을 즐길 수 있다. 오마카세 코스おまかせコース는 22,000엔. 글라스 와인은 스무 종류, 병 와인은 삼백 종류로 다양하다.

1. 1층 카운터석. **2.** 즐비한 와인. **3.** 오마카세 코스 중 일부. **4.** 회와 페어링하기 좋은 샤또 데스클랑, 락 엔젤Chateau d'Esclans, Rock Angel.

기야마치

와인과 일식 요리 미쿠리

☎ 075-744-6774 <예약 가능> 👤 20석
- 38-1 Higashiikesucho, Nakagyo Ward, Kyoto, 604-0922
- 18:00~23:00 / 월요일 휴무
- 지하철 교토시야쿠쇼마에역 3번 출구에서 도보 5분

3차는 이곳, 술자리를 마무리하는 **교토의 면 요리**

한잔 더 마시고 싶다, 아니 먹고 싶다! 그럴 때 추천하는 맛집 네 곳.

한 번 먹으면 잊을 수 없는!
교토의 깊고 진한 맛

진한 라멘(보통)
こってりラーメン(並)
920엔

간판도 가게 이름도 없는
화제의 맛집!

달걀 올린 진한 라멘
濃厚味玉ラーメン
1,100엔

175

텐카잇핀 총본점

天下一品 総本店

전국에서 찾아오는 본점. 성지라고 불릴 정
도로 유명한 맛집이다. 닭 뼈와 채소를 우려
낸 진한 육수는 '마시는 국물'이 아니라 '먹
는 국물'이다. 직접 뽑은 중간 굵기 면발과
잘 어울리며 파와 어우러지는 맛도 절묘하
다. 50년 넘게 사랑받아 온 단 하나뿐인 맛.

이치조지

텐카잇핀 총본점

☎ 075-722-0955
<예약 불가> 👤 38석

- Kyoto, Sakyo Ward, Ichijoji Tsukidacho 94
  다이니메종시라카와 1층
- 구글맵에 Tenka Itpin Main Store Kyoto 검색
- 11:00~다음 날 3:00(변동될 수 있음) / 연중무휴
- 에이덴 자야·교토게이주쓰다이가쿠역에서 도보 10분

176

가게명 없음

Unnamed Ramen Restaurant

산조도리 거리에서 북쪽으로 한 블록 올라
간 후 아네코지도리 거리에서 서쪽 기야마
치도리 거리 방향으로 가면 다리 옆에 매장
이 있다. 빌딩 외부 계단 끝 램프에 불이 켜
져 있다면 '영업 중'이라는 표시. 마치 환상
속에 존재하는 식당 같다. 뜻밖일 정도로
세련된 공간에서 직접 뽑은 라멘과 쓰케멘
을 맛볼 수 있다. 직화로 구운 차슈와 조린
달걀 등 토핑도 놀라울 정도로 맛있다.

기야마치

가게명 없음

☎ 비공개 <예약 불가> 👤 12석

- Kyoto, Nakagyo Ward, Ebisucho 534-31
  CEO Kiyamachi Building 지하 1층 / 구글맵에
  Unnamed Ramen Restaurant 검색 / 18:00~21:00
- 부정기 휴무(입구 조명이 켜져 있으면 영업 중)
- 지하철 교토시야쿠쇼마에역 1번 출구에서 도보 3분

벤케이 우동
べんけいうどん 1,100엔

카레우동
カレーうどん 700엔

177

벤케이 우동 히가시야마점

辨慶 東山店

니시쿄고쿠에 본점이 있는 우동 맛집. 고조 오하시 다리 근처에 있는 히가시야마점은 밤 11시까지 영업해서 기야마치나 기온에서 술을 마신 뒤 들르기 좋다. 이곳의 대표 메뉴 '벤케이 우동'은 진한 육수에 우동 면을 담고 소고기, 달달한 유부, 매콤한 우엉 볶음을 올린 것이 특징. 카레우동도 인기가 많다.

178

G 멘 G 麺

직접 만든 면과 향이 고소한 육수로 만든 우동과 덮밥, 철판요리 등을 아침 7시까지 맛볼 수 있는 깊은 밤의 오아시스. 대표 메뉴인 카레우동은 걸쭉하고 적당히 매콤한 국물이 가느다란 우동 면발과 잘 어울린다. 분명 마무리로 먹으려고 했는데 자신도 모르게 맥주를 마시고 싶어질지도 모른다.

고조

벤케이 우동
히가시야마점

☎ 075-533-0441 <예약 불가> 🍴 16석
• 30-3 Higashihashizumecho,
  Higashiyama Ward, Kyoto
• 11:30~23:00(L.O.) / 일요일 휴무
• 게이한 기요미즈고조역 4번 출구 앞

기야마치

G 멘

☎ 075-213-1840 <예약 필수 상담> 🍴 6석
• Kyoto, Nakagyo Ward, Shimokorikicho 202-1 1층
• 구글맵에 G-men Kyoto 검색
• 20:00~다음 날 05:00 / 목요일 휴무
• 한큐 교토가와라마치역 1-A 출구에서 도보 3분

川端康成

가와바타 야스나리의 대표작 중 하나로, 노벨문학상 수상 대상작이 되기도 한 명작. 포목 도매상의 딸 지에코와, 생이별한 쌍둥이 자매 나에코의 운명을 중심으로 이야기가 전개되며 기온 마쓰리, 아오이 마쓰리, 고잔오쿠리비 등 교토를 상징하는 사계절 축제를 다채롭게 그려 낸다. 교토 고유의 풍습과 계절마다 변화하는 아름다운 풍경은 물론, 실제 존재하는 가게들도 다양하게 등장하는데, 그중 하나가 자라 요리로 유명한 ‘다이이치’다. 겐로쿠 시대(1688~1704)에 문을 연 이곳은 18대에 걸쳐 자라 요리만을 고집해 온 교토의 유서 깊은 식당이다. 정계와 재계를 비롯해 각계를 대표하는 유명 인사들이 자주 찾는 곳으로, 해외에서도 그 명성이 자자하다. 메뉴는 오로지 자라탕인 마루나베○鍋 코스뿐. 오랫동안 사용한 질냄비를 1,600℃ 이상의 고온에서 가열해 조리한다. 손님들이 따끈따끈하게 먹을 수 있도록 두 번에 나눠서 대접하는 것이 이곳의 방식이다.

《고도》

ⓒ가와바타 야스나리 / 신초샤

STORY: 교토를 무대로 펼쳐지는 생이별한 쌍둥이 자매의 운명을 그린 장편소설. 교토의 명소와 행사를 다양하게 담아낸다.

니시진

다이이치

☎ 075-461-1775 <예약 필수> 🪑 46석
- 602-8351 Kyoto, Kamigyo Ward, Rokubancho, 371
- 12:00~12:30(마지막 입장), 17:00~17:30(마지막 입장), 19:00~19:30(마지막 입장) / 화요일 휴무
- 시내버스 센본데미즈 정류장에서 도보 2분

180 > 247

디저트를 사랑하는 당신에게

- 핫케이크 | 말차 디저트
- 팥소 / 와라비모치 | 교토 화과자
- 파르페 | 초콜릿

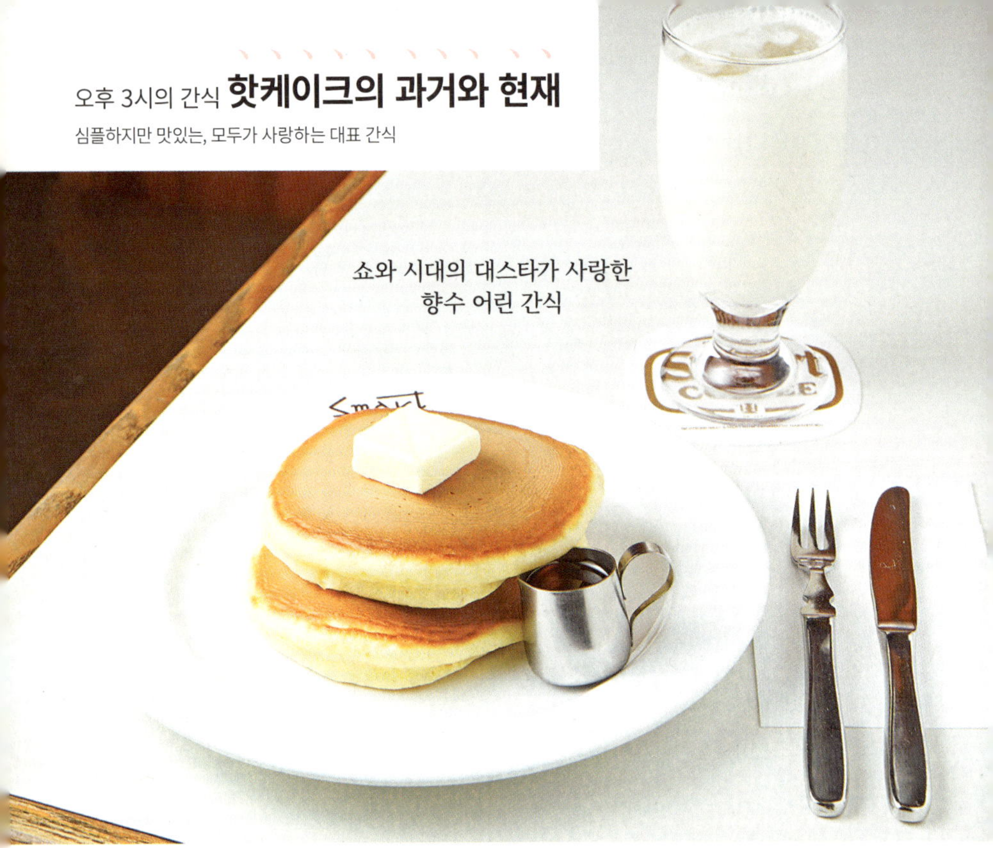

쇼와 시대의 대스타가 사랑한
향수 어린 간식

180

스마트 커피 スマート珈琲店

1932년(쇼와 7년)에 문을 연 이래 정성과 시간을 들여 만든 메뉴가 매력인 레트로 찻집. 철판에 한 장씩 정성껏 굽는 폭신한 핫케이크는 쇼와 시대의 유명 여가수 미소라 히바리도 즐겨 찾았다고 한다. 런치 타임에는 2층에서 정통 양식 런치 洋食のランチ(1,300엔~)도 맛볼 수 있다.

특별 제작한
\ 틴 케이스도 주목! /

핫케이크ホットケーキ(750엔)와 추억의 맛 밀크셰이크ミルクセーキ(700엔). 자가 로스팅 커피コーヒー(600엔)도 대표 메뉴.

【데라마치】

스마트 커피

☎ 075-231-6547 <예약 불가> 🍴 30석
• 537 Tenshojimaecho, Nakagyo Ward, Kyoto
• 08:00~18:30(L.O.), 2층 런치는 11:00~14:30(L.O.)
• 연중무휴(런치는 화요일 휴무)
• 지하철 교토시야쿠쇼마에역 5번 출구에서 도보 2분

181

오카시 츠쿠루
お菓子 つくる(Okashi Tsukuru)

'아침 식사'는 오픈 샌드위치나 핫 샌드위치, '간 식'은 프렌치토스트나 과일을 곁들인 파르페 등 이 있다. 오너는 전직 이탈리안 셰프. 핫케이크 는 아침 식사와 차를 판매하는 주간에만 먹을 수 있다.

\ 도넛도 있어요 /

눈앞에서 구워주는 핫케이 크ホットケーキ 910엔. 츠 쿠루 도넛つくるのドーナツ (350엔)도 추천.

구라마구치

오카시 츠쿠루

☎ 075-205-3878 <예약 불가> ※간식 주간에는 완전 예약제 / 🪑 6석
• 36-2 Zuikoin Maecho, Kamigyo Ward, Kyoto
• 구글맵에 Okashi Tsukuru 검색
• 아침 식사와 차 주간은 09:30~15:30, 간식 주간은 10:00~15:30
※상세 내용은 인스타그램에서 확인 / 월·화요일 및 부정기 휴무
• 시내버스 덴진코엔마에 정류장에서 도보 2분

182

소와레 喫茶ソワレ/Soirée

1948년(쇼와 23년)에 문을 연 찻집으로 여전히 많은 사람들의 마음을 사로잡는 젤리 펀치ゼリーポンチ는 종종 품절될 정도로 인기가 많다. 톡 쏘는 레몬향 탄산수에 떠 있는 보석 같은 젤리가 환상적인 푸른빛 조명 아래에서 살랑살랑 흔들리며 아련한 감성을 자극해 젊은 여성부터 오랜 단골의 마음까지 사로잡는다. 또한, 화가 도고 세이지의 그림이 새겨진 유리잔과 스테인드글라스 등이 향수를 불러일으킨다.

소다의 바다에서 출렁이는
다섯 가지 젤리

매장 명함

젤리 펀치(750엔)는 키위와 체리를 넣어 상큼함을 더했다. 젤리 요거트 ゼリーヨーグルト(750엔)도 인기.

가와라마치

소와레

☎ 075-221-0351 <예약 불가>
🪑 52석
• Kyoto, Shimogyo Ward, Shincho, 95
• 구글맵에 Soiree Kyoto 검색
• 13:00~19:00(L.O. 18:00) 토·일요일 및 공휴일은 ~19:30 (L.O. 18:30) / 월요일 휴무
• 한큐 교토가와라마치역 1A 앞

매장 분위기도
근사하다

1. 2. 메뉴판도 귀엽다. 3. 달콤한 타르트 타탱과 요거트의 절묘한 조합은 매장 내에서 먹을 때만 맛볼 수 있다.

183

라 부아튀르 La Voiture

다이쇼 시대(1912~1926)에 태어난 선대 오너가 프랑스 현지에서 맛보고 감동한 맛을 재현하기 위해 시행착오를 겪은 끝에 만들어낸 타르트 타탱タルトタタン(820엔)이 유명한 인기 카페다. 약 50년간 전해져 온 타르트 타탱을 한 판 만드는 데는 스무 개가 넘는 사과를 사용하는데, 사과를 풍부한 버터에 조려서 한입 먹으면 진한 버터 향과 사과의 달콤함이 입안에서 부드럽게 퍼진다. 새콤한 요거트와 어우러지는 맛도 좋다. 캐러멜과 호두 타르트キャラメルとクルミのタルト(620엔)도 숨은 인기 메뉴다.

오카자키

라 부아튀르

☎ 075-751-0591 <예약 불가> / ♟ 24석
• Kyoto, Sakyo Ward, Shogoin Entomicho, 47-5
• 11:00~18:00(L.O. 17:30) / 월요일 휴무, 부정기 휴무
• 시내버스 구마노진자마에 정류장에서 도보 5분

간식

사찰을 닮은 고풍스러운 문이 맞이한다.

184
밤부 커피 교토 BAMBOO COFFEE 京都

일본에서 가장 오래된 전래동화 '다케토리 이야기'가 탄생한 곳으로도 잘 알려진 스즈무라데라 근처에 2022년 3월에 문을 연 카페. 대나무 장인 나가노 세이스케가 다케토리 이야기의 주인공 가구야 공주를 모티브로 만든 '가구야 공주 대나무 궁전かぐや姫竹御殿'을 리노베이션했다. 정교한 대나무 공예가 벽면을 가득 채워서 대나무 궁전 분위기를 고스란히 느낄 수 있으며 뉴욕 브루클린 스타일로 꾸민 공간도 있다. 대나무 정원에는 테라스석도 있어서 자연을 느끼며 여유로운 티타임을 즐길 수 있다. 유기농 커피와 구움과자를 맛보며 편안한 시간을 보내보자.

'가구야 공주의 전설'이 남아 있는 곳에서
아름다운 유명 건축물을 만나다

대나무 정원이 눈 앞에 펼쳐지는 다다미방에서 티타임을 즐겨보자.

가미가쓰라

밤부 커피 교토

☎ 075-275-8101 <예약 불가> 🪑 24석
• 51 Matsuomangokucho, Nishikyo Ward, Kyoto
• 09:30~17:00(변경될 수 있음) / 부정기 휴무
• 한큐 아라시야마선 가미가쓰라역에서 도보 15분

1. 구움과자는 교토의 '오카시야 mina お菓子屋mina'에서 가져온다. 공정무역 유기농 커피コーヒー 580엔~. **2.** 빈티지 감성이 돋보이는 멋스러운 인테리어.

지금 당장 가고 싶은 **차통 명가의 카페**
오랜 세월 차통을 만들어온 전문점이 선보이는 세련된 카페
노포에서 기획한, 교토 전통공예가
한자리에 모인 카페

185

카이카도 카페
Kaikado Café

1875년(메이지 8년)에 문을 연 오랜 전통을 지닌 차통 명가 '카이카도'가 2016년에 오픈한 카페. 과거 시영 전차의 차고지 겸 사무소로 사용된 건물을 개조한 공간에 카이카도를 비롯한 교토의 아름다운 공예품들을 놓았다. 커피는 아사히야키(교토 우지 지역의 전통 도자기) 잔에, 치즈케이크는 나카가와 목공소의 과자 접시에 담아 제공한다.

자가 로스팅한 Kaikado 블렌드 Kaikadoブレンド와 Kaikado 치즈케이크 세트Kaikadoチーズケーキのセット 1,950엔.

시치조

카이카도 카페

☎ 075-353-5668 <예약은 문의 필요> 유 21석
• 352 Sumiyoshicho, Shimogyo Ward, Kyoto
• 10:00~18:30(L.O. 18:00) / 목요일 휴무
• 시내버스 나나조카와라마치 정류장 바로 앞

간식

전통 디저트 카페 '우메조노'

교토에서 오랫동안 사랑받은 '우메조노'. 전통을 지키면서도 늘 새로운 맛에 도전하다

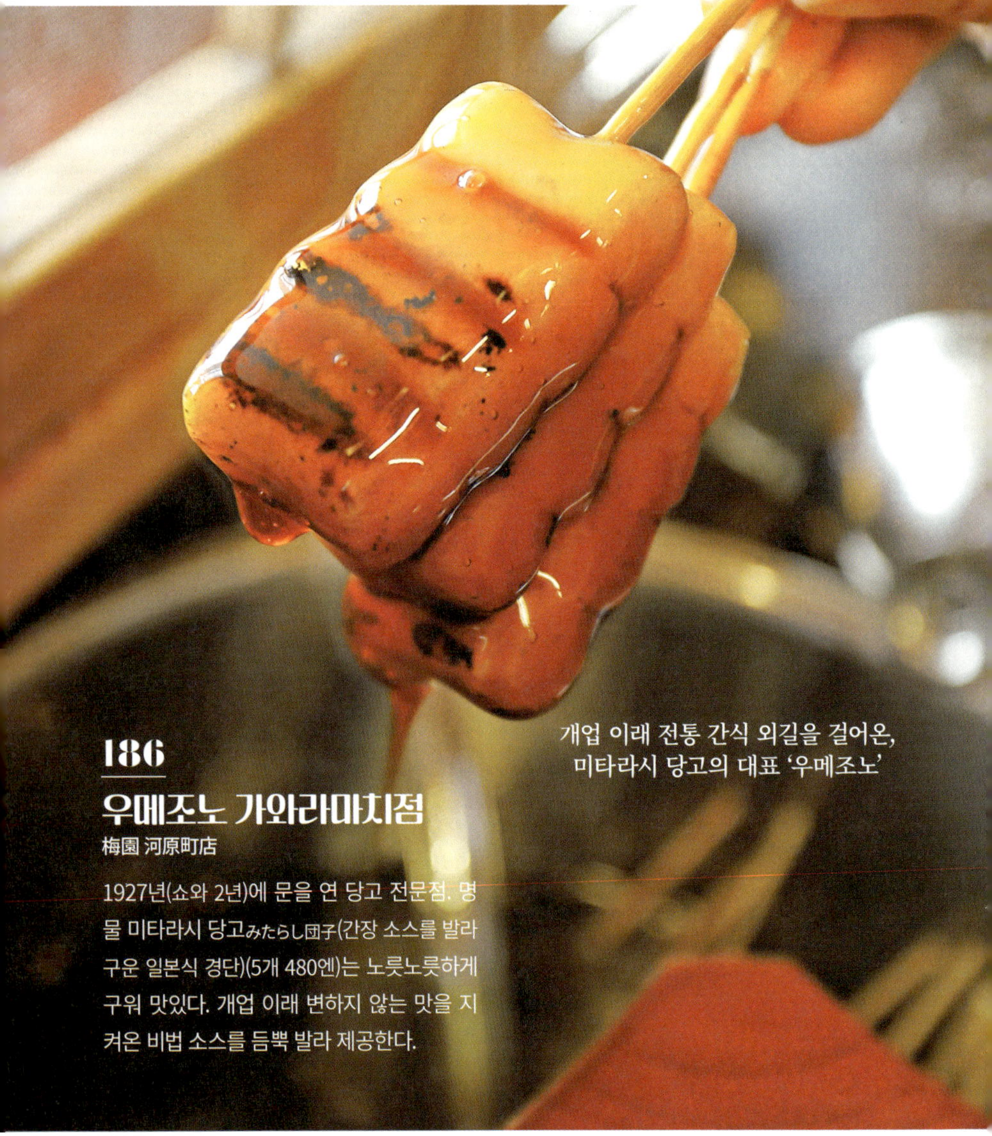

개업 이래 전통 간식 외길을 걸어온,
미타라시 당고의 대표 '우메조노'

186

우메조노 가와라마치점

梅園 河原町店

1927년(쇼와 2년)에 문을 연 당고 전문점. 명물 미타라시 당고みたらし団子(간장 소스를 발라 구운 일본식 경단)(5개 480엔)는 노릇노릇하게 구워 맛있다. 개업 이래 변하지 않는 맛을 지켜온 비법 소스를 듬뿍 발라 제공한다.

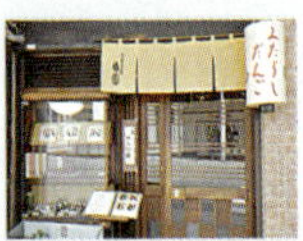

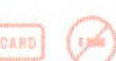

가와라마치

우메조노 가와라마치점

CARD

☎ 075-221-5017 <예약 불가> 25석

- 234-4 Yamazakicho, Nakagyo Ward, Kyoto
- 10:30~19:30(L.O. 19:20) / 연중무휴
- 시내버스 가와라마치산조 정류장 앞

미타라시 당고와 작은 파르페みたらし団子と小さいパフェ 1,000엔. 팥소 꽃다발あんの花束(1상자 3개들이 972엔)도 인기.

187

우메조노 산조 테라마치점
梅園 三条寺町店

미티라시 당고는 물론, 서양식 팥소를 꽃다발처럼 감싸 만든 '팥소 꽃다발' 등 일본식과 서양식을 조합한 디저트도 판매한다.

우메조노 산조
테라마치점

☎ 075-211-1235 <예약 불가>　🪑 43석
• 526 Tenshojimaecho, Nakagyo Ward, Kyoto
• 10:30~19:30(L.O. 19:00) / 연중무휴
• 지하철 교토시야쿠쇼마에역 5번 출구에서 도보 5분

188

우메조노 사보 うめぞの茶房

사랑스러운 모양으로 인기가 많은 '가자리칸かざり羹'은 팥소를 우무와 고사리 가루로 반죽해 부드럽게 굳혀서 과일과 생크림 등을 올린 디저트다.

우메조노 사보

☎ 075-432-5088 <예약 불가>　🪑 13석
• 11-1 Murasakino Higashifujinomoricho,
　Kita Ward, Kyoto
• 11:00~18:30(L.O. 18:00) / 부정기 휴무
• 시내버스 다이토쿠지마에 정류장에서 도보 5분

가자리칸은 레몬 1개(390엔~)등 항상 8~10종류를 판매한다. 포장 구매 가능. 선물용 포장도 OK.

탱글탱글한 우무 디저트에
계절의 맛을 담다

5월 한정 말차 고하쿠나가시(850엔)
는 진한 말차 향이 매력이다.

1. 전통 가옥을 활용한 세련된 공간. 주말과 관광 시즌에는 문전성시를 이룬다. 2. 매장에서는 계절별 교토 과자와 카스테라 등을 판매한다. 3. 대표 메뉴인 카스테라를 상징하는 간판.

189

세이엔 大極殿本舗六角店 甘味処 栖園 / Seien

1885년(메이지 18년)에 문을 연 화과자 전문점 '다이고쿠덴혼포大極殿本舗' 안에 함께 운영하는 디저트 카페. 촉촉하고 쫀득한 식감이 매력적인 실 우무(가느다란 실 모양 우무)에 제철 재료로 직접 만든 수제 시럽을 뿌린 고하쿠나가시琥珀流し가 유명하다. 3월은 감주, 4월은 벚꽃, 7월은 페퍼민트, 10월은 밤 등 매달 맛이 바뀌어서 계절을 생생하게 느낄 수 있다. 먹기 아까울 정도로 아름다운 비주얼과 입안에서 사르르 녹는 섬세한 식감에 절로 감탄이 나온다. 그밖에도 와라비모치, 팥죽, 빙수(여름 한정) 등 일본식 디저트가 가득하다.

가라스마오이케

세이엔

☎ 075-221-3311 <예약 불가> 👤 20석
• 120 Horinouecho, Nakagyo Ward, Kyoto
• 10:00~17:00(판매는 09:30~18:00) / 수요일 휴무
• 지하철 시조역 16번 출구에서 도보 7분

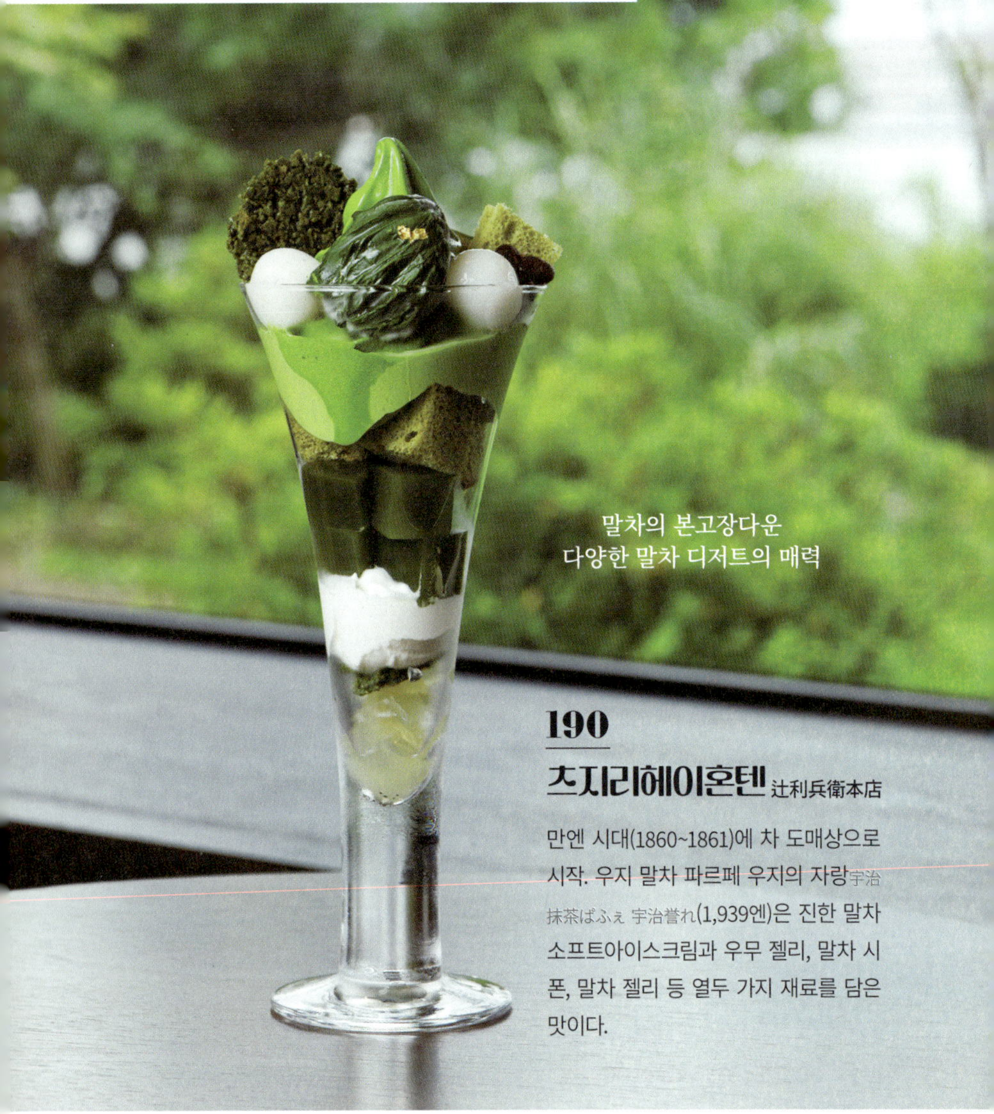

말차의 본고장다운
다양한 말차 디저트의 매력

190

츠지리헤이혼텐 辻利兵衛本店

만엔 시대(1860~1861)에 차 도매상으로 시작. 우지 말차 파르페 우지의 자랑宇治 抹茶ばふぇ 宇治誉れ(1,939엔)은 진한 말차 소프트아이스크림과 우무 젤리, 말차 시폰, 말차 젤리 등 열두 가지 재료를 담은 맛이다.

우지

츠지리헤이혼텐

☎ 0774-29-9021 / 🪑 52석
• Kyoto, Uji, Wakamori 41
• 10:00~18:00(L.O. 17:00) / 화요일 휴무
• JR 우지역 2번 출구에서 도보 5분

191

살롱 드 무게

無碍山房 / Salon de Muge

100년이 넘는 전통을 지닌 고급 음식점 키쿠노이 혼텐菊乃井이 운영하는 찻집. 말차 파르페와 와라비모치 등 3대째 오너인 무라타 요시히로의 고급 일본식 디저트가 즐비하다. 우아한 분위기에 감탄이 나온다.

기온

살롱 드 무게

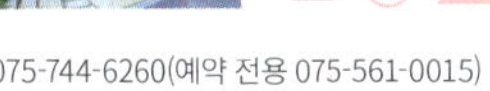

☎ 075-744-6260(예약 전용 075-561-0015)
<도시락은 예약 가능> 🍴 34석
• 524 Washiocho, Higashiyama Ward, Kyoto
• 시구레 도시락 11:30~13:00 마지막 입장,
  찻집 11:30~17:00(L.O.)
  ※만석이면 번호표 배부 / 화요일 휴무
• 시내버스 히가시야마야스이 정류장에서 도보 10분

1.

2.

1. 무게산보의 진한 말차 파르페無碍山房濃い抹茶バフェ 1,980엔. 2. 가장 특별한 자리는 카운터석. 봄에는 정원에 아름다운 벚꽃이 핀다.

192

이토큐에몬 우지 본점

伊藤久右衛門 本店 · 茶房

1832년(덴포 3년)에 문을 연 전통찻집. 고급 차는 물론 우지 말차로 만든 디저트도 많다. 풍미 가득한 말차 젤리와 부드러운 흰 경단에 고급스러운 단맛이 나는 팥소를 얹은 안미쓰あんみつ는 꼭 먹어야 할 메뉴다.

우지

이토큐에몬
우지 본점

☎ 0774-23-3955 <예약 불가> 🍴 62석
• Kyoto, Uji, Todo, Aramaki 19-3
• 10:00~18:00(찻집 L.O. 17:30) / 연중무휴
• 게이한 우지역에서 도보 5분

1.

2.

1. 말차 안미쓰抹茶あんみつ 1,090엔. 조화로운 맛에 몇 번이나 먹고 싶다. 2. 일본 정취가 느껴지는 공간

간식

먹기 아까울 정도로 예쁜 디저트 총집합!

제철 재료로 맛보는
말차 초콜릿 퐁듀

193

쥬반셀 기온점

京洋菓子司 ジュヴァンセル祇園店

독창적인 감성이 돋보이는 디저트 전문점. 기온점에서만 판매하는 기온 퐁듀祇園フォンデュ (1,540엔)는 따뜻한 우지 말차 초콜릿 소스에 제철 과일과 구움과자 등을 찍어 먹는 디저트다. 마지막은 말차 소스에 뜨거운 우유를 부어 말차 우유로 즐길 수 있다.

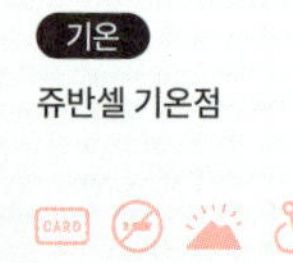

기온

쥬반셀 기온점

☎ 075-551-1511 <예약 가능 ※전화 한정> 👥 25석
• Kyoto, Higashiyama Ward, Kiyoicho, 482 2층
• 구글맵에 Gion Jouvencelle Kyoto 검색
• 10:00~18:00(L.O. 17:30)
• 화요일 휴무(공휴일이면 영업)
• 시내버스 기온 정류장에서 도보 5분

194

후야 류료쿠

麩屋柳緑/Fuya Ryu-Ryoku

우지차와 센차의 명산지로 유명한 미나미야마
시로무라의 품질 좋은 찻잎으로 만든 차와 디
저트를 즐길 수 있는 일본 차 카페. 차밭 풍경을
모티브로 한 말차 테린느 RYURYOKU抹茶テリ
ーヌ・RYURYOKU(1,650엔)는 마지막 한입까지 말
차의 깊은 풍미를 느낄 수 있다. 1층에서는 미
나미야마시로무라 특산 녹차로 만든 무라차 푸
딩むらちゃプリン(480엔)과 찻잎도 판매한다.

후야 류료쿠

☎ 075-201-7862 <예약 가능 ※당일 한정>　♀ 10석
• 439 Shirakabecho, Nakagyo Ward, Kyoto
• 구글맵에 Fuya Ryu-Ryoku 검색
• 11:00~18:00(2층 카페) (L.O. 17:15)
• 수요일 휴무(공휴일이면 다음 날 목요일 휴무)
• 지하철 교토시야쿠쇼마에역에서 도보 5분

195

차센

茶筅/Chasen

우지의 유서 깊은 찻집 '요시다 메이차엔丸利
吉田銘茶園'의 고급 말차로 만드는 말차 디저트
전문점. 말차 티라미수お抹茶ティラミス(715엔)
는 진한 말차에 적신 케이크 시트와 산뜻한 특
제 마스카르포네의 조화가 매력적이다. 다양
한 맛을 담은 말차 보물상자 디저트お抹茶・玉
手箱スイーツ(1,980엔)도 반드시 맛보기를.

차센

☎ 075-352-3401 <예약 불가>　♀ 21석
• Kyoto, Shimogyo Ward, Higashishiokojicho
　901 Kyoto Station Building 10층
• 구글맵에 Chasen Kyoto 검색
• 11:00~21:30 / 부정기 휴무
• 교토역과 바로 연결

간식

팥소, 전통의 맛과 현대의 맛 섭렵하기

교토에서 오랫동안 사랑받아 온 팥소 명물과 신상 모두 맛보기

주문과 동시에
정성껏 만드는 정통의 맛

196 　카사기야 かさぎ屋

1914년(다이쇼 3년) 개업. 삼색 하기노모치三色萩乃餅(750엔)는 교토 단바 지역에서 생산한 최고급 팥인 단바다이나곤으로 만든 통팥소, 고운 팥소, 콩가루 팥소 세 가지가 담겨 있다.

히가시야마　카사기야

 075-561-9562 <예약 불가> 20석
- 349 Masuyacho, Higashiyama Ward, Kyoto
- 구글맵에 Kasagiya 검색
- 10:00~17:00 / 화요일 휴무(공휴일이면 영업)
- 시내버스 기요미즈미치 정류장에서 도보 7분

최고급 팥을 솥에
끓여 만든 팥소

197 　나카무라켄 中村軒

무기테모치麦代餅(360엔)는 갓 만든 떡으로 팥소를 가득 감싼 대표 메뉴. 고급 재료의 맛을 심플하게 느낄 수 있다.

가쓰라　나카무라켄

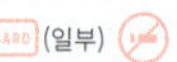   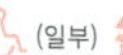 075-381-2650 <예약 가능 ※여름철은 불가> 없음
- 61 Katsuraasaharacho, Nishikyo Ward, Kyoto
- 구글맵에 Nakamuraken 검색
- 08:30~17:30 / 수요일 휴무
- 한큐 가쓰라역에서 도보 15분

오전에 품절될 수도!
전문점의 대표 메뉴 찹쌀떡

198 　이마니시켄 今西軒

통팥소, 고운 팥소, 콩가루 팥소와 세 가지 찹쌀떡おはぎ(각 240엔)은 달지 않고 고급스러운 맛이다. 포장 판매만 한다.

고조　이마니시켄

 075-351-5825 <예약 가능> 없음
- 312 Yokosuwancho, Shimogyo Ward, Kyoto
- 구글맵에 Imanishiken 검색
- 09:30~품절 시 종료
- 화요일 및 첫째·셋째·다섯째 주 월요일 휴무
  (6~8월은 매주 월·화요일 휴무)
- 지하철 고조역 4번 출구 근처

199 마루니 카페

マルニカフェ/Maruni Cafe

홋카이도산 팥으로 만든 팥소가 꼬리 끝까지 꽉 찬 붕어빵たい焼(450엔). 생크림과 버터를 곁들인 점이 독특하다.

고조   마루니 카페

☎ 075-344-0155 <예약 불가> 🪑 40석
• Kyoto, Shimogyo Ward, Nishikazariyacho, 25 2층
• 구글맵에 Maruni Cafe Kyoto 검색
• 11:30~16:00 / 일요일 휴무, 부정기 휴무
• 지하철 고조역 2번 출구에서 도보 3분

200 노트 카페 knot café

'르 쁘띠 멕'의 부드럽고 달달한 빵에 풍미 가득한 팥소와 고소한 버터를 끼워 절묘한 맛을 내는 앙 버터 샌드あんバターサンド 363엔.

기타노텐만구   노트 카페

☎ 075-496-5123 <예약 불가> 🪑 17석
• 758-1 Higashiimakojicho, Kamigyo Ward, Kyoto
• 10:00~18:00 / 화요일 휴무(25일이면 영업)
• 시내버스 가미시치켄 정류장에서 도보 3분

201 교토 기온 아논 본점

京都祇園 あのん 本店

하나에 270엔인 앙마카롱あんまかろん은 식감이 독특한 마카롱 꼬끄 사이에 각각 딸기 밀크, 말차, 솔티드 캐러멜 팥앙금을 끼운 디저트로, 새로운 맛을 느낄 수 있다.

기온   교토 기온 아논 본점

☎ 075-551-8205 <예약 불가> 🪑 29석
• 368-2 Kiyomotocho, Higashiyama Ward, Kyoto
• 구글맵에 Gion a-n Main Store & Cafe 검색
• 12:00~18:00, 카페 ~17:30(L.O. 17:00)
• 화요일 휴무 / 시내버스 기온 정류장 근처

기온에서 반드시 먹어야 할 **하나미치의 디저트**

맛있는 음식이 모이는 기온은 맛있는 디저트도 가득

부드러운 식감과
뛰어난 말차의 풍미가 돋보이는
수제 바바루아

말차 바바루아 파르페
抹茶ババロアパフェ
1,600엔

단바산 검은콩으로 만든
콩가루 아이스크림이 가득!

베리베리 키나나
ベリーベリーきなな
1,600엔

202

기온 코모리 ぎをん小森

교토 마치야 보존지구의 신바시도리 거리, 시라카와 강 옆에 자리한 전통 디저트 맛집. 과거 찻집이었던 운치 가득한 공간에서 정성껏 만든 일본식 디저트를 선보인다. 말차 바바루아 파르페는 부드러운 바바루아에 말차&바닐라 아이스크림, 말차 케이크와 젤리를 담은 고급스러운 디저트다.

203

기온 키나나 祇園きなな

교토 단바산 검은콩으로 만든 콩가루 등 천연 재료를 사용하는 아이스크림 전문점. 맛은 플레인, 팥, 흑당 등 여섯 가지가 있다. '베리베리 키나나'에는 플레인, 흑임자, 말차 아이스크림이 올라간다. 라즈베리와 블루베리의 새콤함과 아이스크림 아래에 깔린 요거트의 깔끔한 맛이 이루는 조화가 절묘하다.

기온

기온 코모리

☎ 075-561-0504 <예약 불가> 🪑 112석
• Kyoto, Higashiyama Ward, Motoyoshicho, 61
• 11:00~18:30 / 월요일 휴무, 일요일 부정기 휴무
• 시내버스 기온 정류장에서 도보 3분

기온

기온 키나나

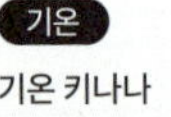

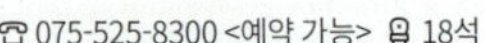

☎ 075-525-8300 <예약 가능> 🪑 18석
• Kyoto, Higashiyama Ward, Gionmachi Minamigawa 570-119 / 구글맵에 Gion-Kinana 검색
• 11:00~18:00(L.O. 17:30) / 부정기 휴무
• 게이한 기온시조역 6번 출구에서 도보 8분
※현금 결제 불가

오리지널 말차 파르페 '가을빛'
オリジナル抹茶パフェ'彩秋'
1,400엔

사랑에 빠진 레몬 말차 파르페
恋する檸檬の抹茶パフェ
1,470엔

204

킨노유리테이 金の百合亭

오리지널 말차 파르페가 인기인 카페. 네리키리(색을 입힌 팥소로 만든 화과자) 등 화과자를 넣어 매달 다르게 만드는 파르페는 계절을 느낄 수 있는 비주얼을 뽐낸다. 말차 푸딩, 말차 수제 시폰케이크 등 말차를 마음껏 맛볼 수 있어서 더욱 좋다.

205

기온고이시 家傳京飴 祇園小石

80년 전통의 교토 사탕 전문점과 함께 운영하는 찻집에서 창의적인 디저트를 선보인다. 사랑에 빠진 레몬 말차 파르페는 레몬 푸딩에 깊은 향이 살아 있는 말차 젤리와 아이스크림, 쿠키 등을 곁들인 디저트로 일본의 맛과 서양의 맛이 조화를 이루는 매력이 있다.

기온

킨노유리테이

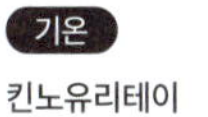

☎ 075-531-5922 <예약 가능 ※전화 한정> 🍴 16석
• Kyoto, Higashiyama Ward, Gionmachi Kitagawa, 292-2 2층 / 구글맵에 Kinnoyuritei Kyoto 검색
• 12:00~17:30(L.O.) / 수·목요일 휴무
• 시내버스 기온 정류장 앞

기온

기온고이시

☎ 075-531-0331 <예약 불가> 🍴 50석
• 286-2 Gionmachi Kitagawa, Higashiyama Ward, Kyoto
• 10:00~18:00(L.O. 17:30)
※계절에 따라 연장 영업 / 연중무휴
• 게이한 기온시조역 7번 출구에서 도보 5분

크림소다에 반하다

클래식한 매력도 현대적인 감성도 귀여운 매력은 같다

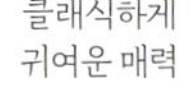

1.

클래식하게
귀여운 매력

206

카페 조우 喫茶 ゾウ/Café Zou

교토 고쇼 서쪽에 있는 쇼와 시대 분위기가 물씬
나는 찻집. 알록달록하고 귀여운 크림소다가 유
명하다. 소다 위에 아이스크림을 띄우고 귀여운
코끼리 모양 쿠키를 얹었다. 앙버터 토스트와 달
걀 샌드위치 등 인기 메뉴도 주목하자.

2.

1. 크림소다(쿠키 포함)クリーム
ソーダ(クッキー付) 각 760엔.
2. 옛날식 푸딩 아라모드昔なが
らのプリンアラモード 1,050엔.

교토교엔

카페 조우

☎ 075-406-0245 <예약 불가> ♟ 17석
• 440-3 Santeicho, Kamigyo Ward, Kyoto
• 09:00~17:00(L.O.) / 부정기 휴무
• 지하철 이마데가와역 6번 출구에서 도보 12분

182

1.

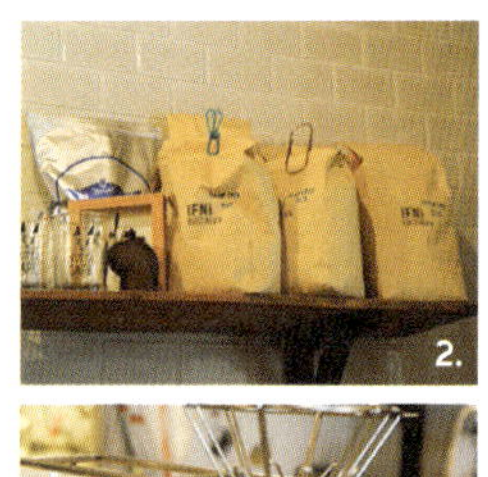

2.

3.

4.

1. 맛있는 크림소다クリームソーダ 750엔. **2. 3.** 감각적인 잡화도 판매한다. **4.** 나뭇결로 꾸며진 매장.

207

노타 카페 NOTTA CAFE

사이인 골목에 있는 고택 카페. 핸드드립 커피와 자연 재배한 채소로 만든 런치 등 정성이 담긴 메뉴가 인기다. 크림소다 하나에도 정성을 다하는 것이 이곳만의 방식. 쌀로 만드는 가가와현의 전통 과자 '오이리おいり'로 아이스크림을 장식했다. 마치 소녀의 마음을 설레게 하는 꿈의 음료 같다.

영양 만점

수량 한정 오늘의 현미 플레이트日替わり玄米プレート 1,200엔. 현미와 반찬 네다섯 가지가 함께 담긴 건강한 메뉴.

사이인

노타 카페

☎ 075-321-2558 <예약 불가> 🪑 12석
• 37 Saiinkitayakakecho, Ukyo Ward, Kyoto
• 11:30~19:00 / 월요일 휴무, 부정기 휴무
• 한큐 사이인역 1번 출구에서 도보 5분

208

사료호센 茶寮宝泉
/Saryo Housen

단팥으로 유명한 '호센도宝泉堂'에서 운영하는 찻집. 아름다운 일본 정원이 보이는 다다미방에서 이곳의 자부심을 맛볼 수 있다. 주문 후 약 15분 동안 정성 들여 만드는 와라비모치わらび餅(1,400엔)는 쫀득하고 매끄러운 식감이 독특한 매력을 자아낸다. 첫입은 그대로 먹고 그다음은 흑당을 뿌려 먹는 것을 추천한다.

시모가모

사료호센

☎ 075-712-1270 <예약 불가> 20석
• Kyoto, Sakyo Ward, Shimogamo Nishitakagicho, 25
• 10:00~16:30(L.O.) / 수·목요일 휴무
• 시내버스 시모가모히가시혼마치 정류장에서 도보 3분

209

무라사키노 와쿠덴
사카이마치점 紫野和久傳 堺町店

고급 음식점의 맛을 그대로 담은 고급 선물 전문점. 2층에서는 제철 재료와 과일로 만든 디저트 카페를 운영한다. 일년내내 사랑을 받는 메뉴는 사이코 말차 세트西湖·お抹茶セット(1,155엔). 연근과 와산본(일본의 고급 설탕)을 반죽해 빚어낸 '사이코西湖'는 와쿠덴을 대표하는 화과자다. 보기만 해도 시원해지는 비주얼이 인상적이다.

가라스마오이케

무라사키노 와쿠덴
사카이마치점

☎ 075-223-3600 <예약 가능> 30석
• Kyoto, Nakagyo Ward, Marukizaimokucho, 679
• 카페 13:00~17:00(L.O.), 선물용 판매 매장
• 10:00~19:00 / 연중무휴
• 지하철 가라스마오이케역 3번 출구에서 도보 5분

210
더 터미널 교토
The Terminal KYOTO

1932년(쇼와 7년)에 지어진 대형 마치야를 복원한 갤러리와 카페다. 주문을 받은 후 반죽해 만드는 명물 '따뜻한 와라비모치ぁたたかいわらび餅'(2,000엔)는 취향에 따라 검은콩 가루나 신선한 흑당을 곁들일 수 있다. 입에서 사르르 녹는 듯한 쫀득한 식감이 매력적이다.

211
기온 도쿠야 ぎおん徳屋

기온 하나미코지 거리에 있는 디저트 전문점으로 엄선한 천연 재료만을 고집한다. 도쿠야의 혼와라비모치本わらびもち(1,450엔)에도 일본산 혼와라비 가루를 사용한다. 얼음과 함께 제공되는 와라비모치는 입에서 녹을 정도로 부드럽게 목으로 넘어간다. 취향에 맞게 콩가루나 흑당을 뿌려 먹자.

시조카라스마
더 터미널 교토

☎ 075-344-2544 <예약 가능> 👤 5테이블
• Kyoto, Shimogyo Ward, Iwatoyamacho 424
• 09:00~18:00 / 연중무휴
• 지하철 시조역 6번 출구에서 도보 6분

기온
기온 도쿠야

☎ 075-561-5554 <예약 불가> 👤 56석
• 570-127 Gionmachi Minamigawa, Higashiyama Ward, Kyoto / 구글맵에 Gion-tokuya 검색
• 12:00~18:00(품절 시 영업 종료) / 부정기 휴무
• 게이한 기온시조역 6번 출구에서 도보 6분

명가의 생과자를
맛볼 수 있는 유일한 곳

1.

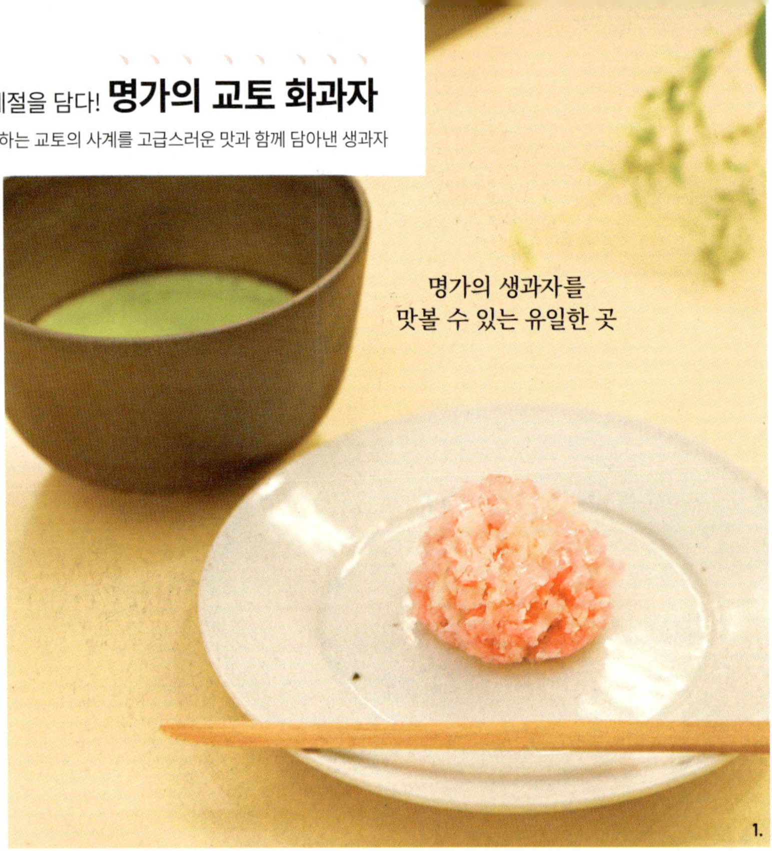

212

카페 동 바이 스페라 Café DOnG by Sfera

세련된 인테리어 브랜드 sfera가 운영하는 카페. 다도 모임에서도 사랑받는 예약제 화과자점 '쇼게쓰嘯月'의 생과자를 취향에 맞는 차와 함께 맛볼 수 있다. 섬세한 제작 방식으로 인해 장거리 포장이 어려운 쇼게쓰의 생과자를 매장에서 즐길 수 있다는 점이 매력. 감각적인 공간에서 만끽하자.

1. 쇼게쓰 세트嘯月セット 1,500엔. 차 종류는 말차, 센차, 호지차 등이 있다. **2.** 매장 내부는 자사에서 만든 가구들이 즐비하다.

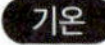
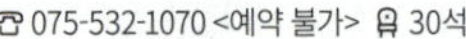

（기온）

카페 동 바이 스페라

☎ 075-532-1070 <예약 불가> 🪑 30석
• Kyoto, Higashiyama Ward, Benzaitencho, 17 SFERA Building
• 12:00~19:00(L.O. 18:30)
• 수요일 휴무, 임시 휴무 있음
• 게이한 기온시조역 9번 출구에서 도보 4분

장인이 눈앞에서 만들어 주는
생과자의 감동

213

츠루야요시노부 가유자야 鶴屋吉信 菓遊茶屋

1803년(교와 3년)에 문을 연 곳으로, 전통미를 지키면서도 독창적인 세계관을 담아낸 계절 화과자가 유명하다. 본점 2층에 있는 '가유자야菓遊茶屋'에서는 카운터석에 앉아 장인이 눈앞에서 직접 빚어주는 갓 만든 생과자를 말차와 함께 즐길 수 있다. 장인과 나누는 소소한 대화도 특별한 경험이다.

1. 계절 생과자와 말차季節の生菓子とお抹茶 1,650엔. 생과자는 계절마다 달라지는 두 가지 중에 선택할 수 있다. 2. 카운터석은 총 6석.

츠루야요시노부
가유자야

☎ 075-441-0105 <예약 불가> 🪑 6석
• 340-1 Nishifunahashicho, Kamigyo Ward, Kyoto, 602-8434
• 10:00~17:30(L.O. 17:00), 11:20~12:30은 브레이크 타임
  1월 1일 및 수요일 휴무, 임시 휴무 및 임시 영업 있음
• 시내버스 호리카와이마데가와 정류장 앞

전통과 혁신의 콜라보레이션
온고지신한 화과자의 진화를 철저하게 조사하다!

우메조노 사보 うめぞの茶房

케이크처럼 사랑스럽게 생긴 '가자리칸かざり
羹'이 레트로한 진열장에 줄지어 놓여 있다. 고
사리 가루와 우무로 만든 팥소는 부드러운 맛을
자랑한다. 가자리칸(홍차)かざり羹(紅茶)(420엔)
을 추천한다.

츠바라 카페 tubara cafe

교토 화과자의 명가 '츠루야 요시노부鶴屋吉信'
가 운영하는 카페. 공장에서 직송한 폭신하고
쫄깃하게 구운 마스카르포네에 팥소를 바른 '나
마츠바라生つばら'는 카페에서 새로운 감각을
담아 개발한 디저트다. 나마츠바라 두 가지 맛
(선택)과 음료 세트(1,430엔~)가 유명하다.

우메조노 사보

☎ 075-432-5088 <예약 불가> 🪑 13석
- 11-1 Murasakino Higashifujinomoricho,
  Kita Ward, Kyoto
- 11:00~18:30(L.O. 18:00) / 부정기 휴무
- 시내버스 다이토쿠지마에 정류장에서 도보 5분

츠바라 카페

☎ 075-411-0118 <예약 불가, 테이크아웃은 예약 가능> 🪑 14석
- 340-5 Nishifunahashicho, Kamigyo Ward, Kyoto
- 11:30~17:00(L.O.), 판매는 11:00~17:30
- 화·수요일 휴무(공휴일은 영업)
- 시내버스 호리카와이마데가와 정류장 앞

전통과 혁신이 어우러지는 화과자 문화, 화과자의 매력을 다시 발견하다

차 문화와 인연이 깊은 교토에서 떼려야 뗄 수 없는 존재가 바로 화과자. 신사나 사찰, 다도 가
문에 화과자를 납품하는 전문점도 많으며, 그곳에서 납품하는 화과자는 '교토 화과자(교가시
京菓子)'라고도 불린다. 계절이나 행사에 맞춰 즐기는 전통 화과자부터 예술성이 뛰어난 고급
화과자까지, 교토는 다양한 화과자가 탄생하는 도시다. 장인들의 손에서 전해져 온 전통을 소
중히 지키면서도 시대에 맞춰 재료와 모양을 새롭게 빚어내며 교토만의 고유한 화과자 문화

도라야키 이노메
どらやき 亥ノメ

유서 깊은 화과자 전문점에서 경험을 쌓은 오너가 운영하는 도라야키 전문점. 갓 구운 도라야키를 포장해 갈 수 있다. 도라야키 중 팥 맛(280엔~)이 대표적이다.

니시진

도라야키 이노메

☎ 비공개 🕐 없음
• 23-31 Taishogun Nishitakatsukasacho, Kita Ward, Kyoto
• 11:00~16:00(품절 시 영업 종료)
• 수·목·일요일 휴무
• JR 엔마치역 개찰구에서 도보 12분

스하마야
洲濱×COFFEE すはま屋/Suhamaya

360년 전통의 스하마 전문점 '온스하마쓰카사 우에무라요시쓰구御洲浜司 植村義次'의 맛과 건물을 이어받은 카페. 스하마洲濱는 콩과 설탕, 물엿을 섞어 반죽해 만든 화과자다. 음료를 선택할 수 있는 스하마 세트洲濱セット(660엔)를 추천한다.

마루타마치

스하마야

☎ 075-744-0593 <예약 가능> 🕐 8석
• 193 Joshinyokocho, Nakagyo Ward, Kyoto
• 10:00~17:30(찻집은 12:00~L.O. 17:00), 일요일, 공휴일, 둘째·넷째 주 수요일 휴무 (찻집은 수요일도 정기 휴무)
• 지하철 마루타마치역 2번 출구 근처

를 키워왔다. 그 정신은 대를 이어 계승되면서 새로운 방식으로 화과자를 즐기는 시도가 계속되고 있으며 현대적인 감각을 더한 창작 화과자들이 끊임없이 등장하고 있다. 전통 화과자인 스하마를 커피와 함께 맛보는 '스하마야' 스타일은 그야말로 현대적인 감성을 더한 방식. 아름다운 카페 공간과 함께 전통 화과자가 새롭게 태어나 스하마를 처음 맛보는 사람들도 그 매력을 느낄 수 있다. 갓 구운 소박한 반죽에 흑당과 럼 레이즌 버터를 더한 '이노메'의 도라야키, 노포의 명과에 흰 앙금과 마스카르포네를 조합한 '츠바라 카페'의 화과자, 크림과 과일을 곁들여 양과자처럼 보이는 점이 인상적인 '우메조노 사보'의 가자리칸 등 새로운 화과자의 세계는 지금도 넓어지고 있다. 새로운 매력을 발견하는 순간, 화과자가 지닌 깊고 섬세한 세계를 다시 한번 깨닫게 된다.

우지의 차 도매상이 만드는 **진짜 말차 디저트**

품격 있는 전통 가옥에서 차가 지닌 '힘'을 전하다

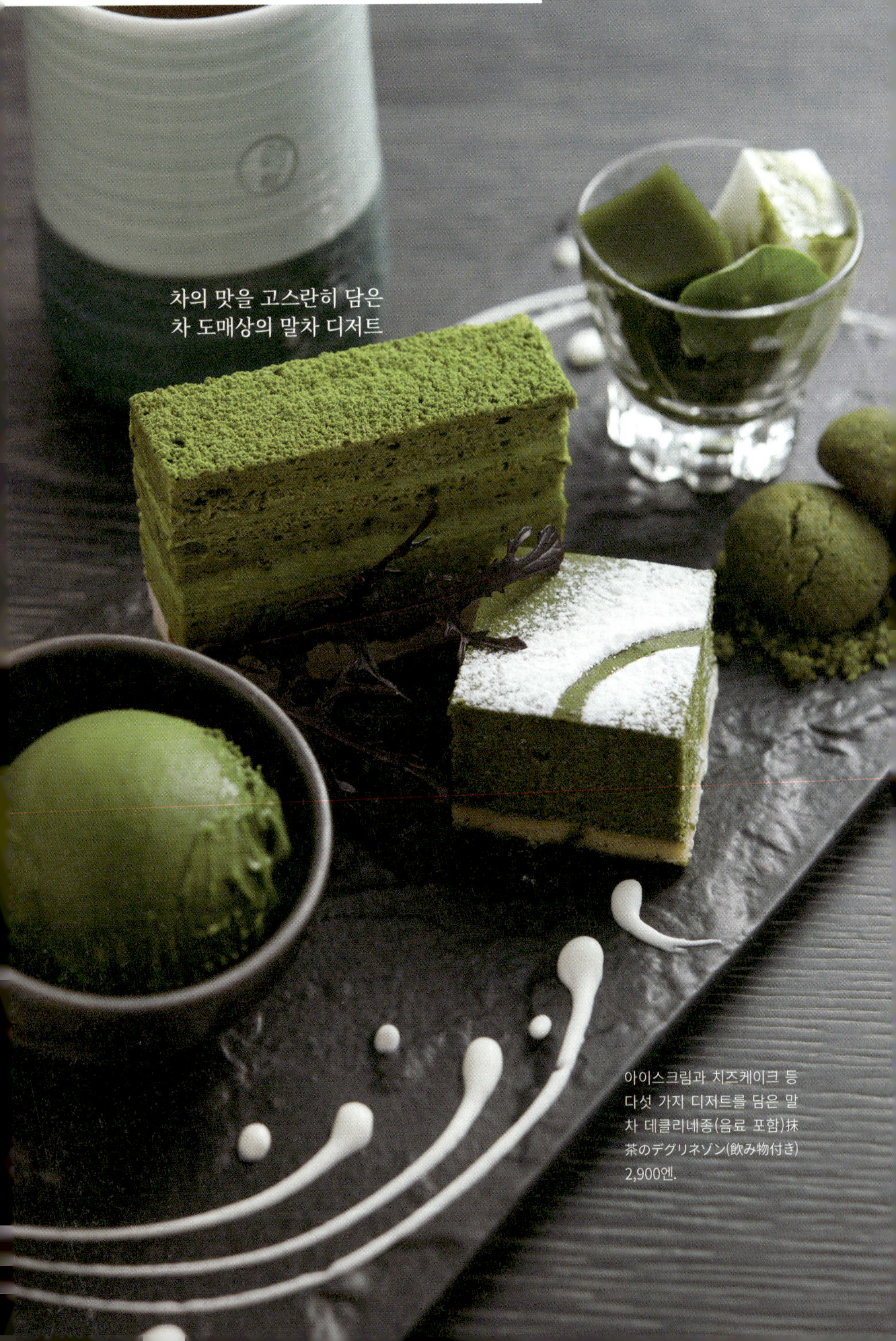

차의 맛을 고스란히 담은
차 도매상의 말차 디저트

아이스크림과 치즈케이크 등 다섯 가지 디저트를 담은 말차 데클리네종(음료 포함)抹茶のデグリネゾン(飲み物付き) 2,900엔.

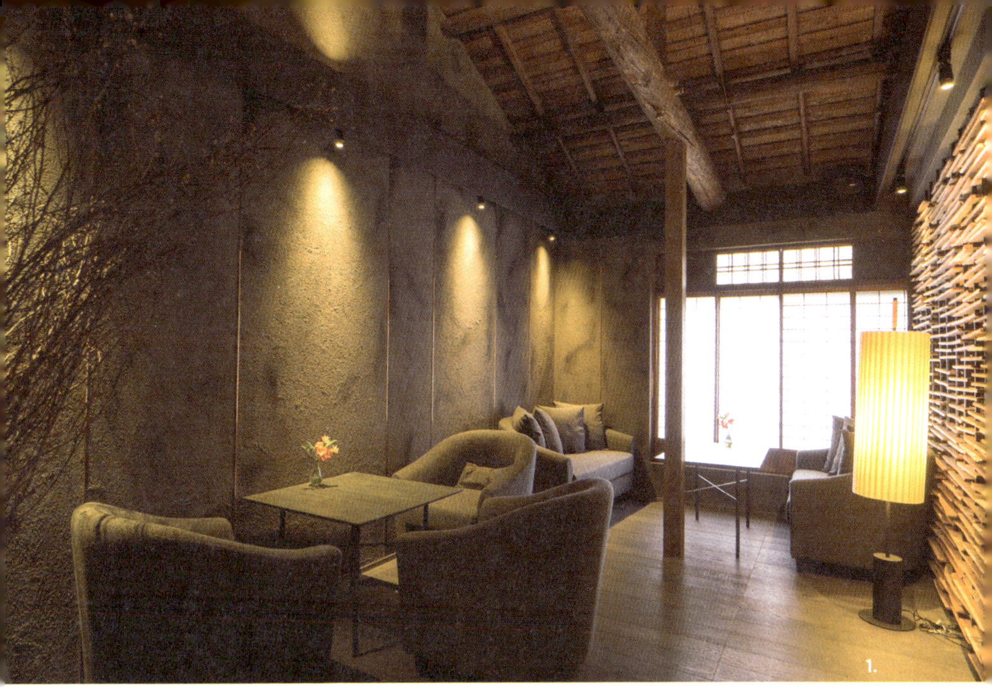

218
기온 기타가와 한베 祇園 北川半兵衛

1861년(분큐 원년)에 문을 연 말차 도매상 '기타가와 한베 상점北川半兵衛商店'이 기온 중심에 오픈한 카페. 이곳의 가장 큰 목적은 '차의 매력을 전하는 것'. 차를 느긋하게 음미할 수 있도록 개조한 전통 가옥은 넓고 고급스러워서 인상적이다. 차 시음부터 고급 말차를 아낌없이 사용한 말차 디저트, 차와 화과자의 조화까지. 이 카페의 주인공은 오로지 '차'다. 부드럽고 은은한 단맛이 돋보이는 차 본연의 맛에 어느새 마음이 편안해진다.

기온

기온 기타가와 한베

☎ 075-205-0880 <예약 불가 ※11:00, 18:00 이후는 가능>
🪑 35석
• 570-188 Gionmachi Minamigawa, Higashiyama Ward, Kyoto
• 11:00~18:00(토·일요일은 ~20:00) / 연중무휴
• 시내버스 기온 정류장에서 도보 5분

219
스이 히가시야마
sui 東山

국내외 예술가의 작품으로부터 영감을 받아 만든 요리를 즐길 수 있는 카페. 계절마다 작가 한 명을 조명해서 그의 작품을 디저트와 가벼운 식사, 음료로 표현하므로 방문할 때마다 새로운 만남이 기다린다. 지금까지 고흐, 무하 등 유명 작가를 주제로 세세한 디테일까지 정성 들인 메뉴를 선보였다. 아늑한 분위기의 매장은 유럽풍 앤티크 가구로 꾸몄다. 일본과 서양의 조화가 멋스러운 공간에서 로맨틱한 명화의 세계로 빠져보자.

계절이 담긴 파르페로
명화를 표현하다

1. 잉글리시 스콘イングリッシュスコーン 900엔.
2. 모네의 작품 '인상, 해돋이'에서 영감을 받은 오렌지와 캐러멜 파르페オレンジとカラメルのパフェ 1,400엔.

히가시야마
스이 히가시야마

☎ 075-746-2771 <예약 가능> 👥 21석
• 74 Bunkicho, Higashiyama Ward, Kyoto
• 11:00~17:30(토·일요일 및 공휴일은 ~18:30)
• 수요일 휴무(공휴일이면 대체될 수 있음)
• 지하철 히가시야마역 2번 출구에서 도보 1분
• 2025년 8월부터 이탈리안 카페 바로 업태 변경

220

스기토라
SUGiTORA

오너 파티시에 스기타는 세계적인 제과 기술 대회에서 은메달을 수상한 이력이 있는 실력파. 그의 기술이 고스란히 담긴 예술적인 파르페는 비주얼도 맛도 독보적이다. 진한 초콜릿, 밀크, 붉은 과일&얼그레이 세 종류 젤라토에 바삭한 캐러멜 쇼콜라와 오늘의 맛있는 파운드케이크 등을 곁들인 쇼콜라 파르페가 인상적이다. 재료 하나하나에 정성이 깃들어 있으며 세심하게 계산된 맛의 조화는 그야말로 완벽하다.

마치 예술 작품인 듯
눈도 입도 즐거운 감동적인 맛

1.

2.

1. 쇼콜라 파르페ショコラパフェ 1,980엔. **2.** 테이크아웃용 파르페인 말차 미니 컵お抹茶ミニカップ 810엔.

가와라마치

스기토라

☎ 075-741-8290 <예약 불가> 10석
• 488-15 Nakasujicho, Nakagyo Ward, Kyoto
• 구움과자 포장 10:00~12:00, 카페 13:00~18:30(L.O.), 토·일요일 및 공휴일 ~19:30(L.O.) ※품절 시 영업 종료 / 화요일 휴무, 부정기 휴무
• 한큐 교토가와라마치역 9번 출구에서 도보 5분

221

사사야 이오리 벳테이 笹屋伊織 別邸

'호텔 에미온 교토' 1층에 입점한 카페. 1716년(교호 원년)에 개업한 화과자 전문점 '사사야 이오리笹屋伊織'가 운영하는 카페. 말차, 콩가루, 팥소 등 화과자 재료를 사용해 만든 새로운 느낌의 음식과 디저트를 판매한다. 계절마다 구성이 바뀌는 일본식 애프터눈 티는 전통 화과자부터 양과자의 감각을 더한 디저트까지, 사사야 이오리가 자랑하는 명품을 맛볼 수 있다. 도라야키 빵에 샐러드와 소시지를 끼운 모치도라샌드 등 아이디어가 반짝이는 음식 메뉴도 주목하자.

1. 예약 없이도 즐길 수 있는 일본식 애프터눈 티 1인 4,180엔.
2. 마치 다도실 같은 카운터석도 있다. 3. 모치도라샌드もちどらサンド 1,210엔. 4. 과자 제작에 사용하는 목형도 전시 중.

사사야 이오리 벳테이

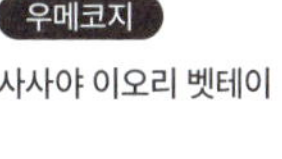

☎ 075-322-8078 <예약 가능> 👤 40석
• 20-4 Sujakudonokuchicho, Shimogyo Ward,
  Kyoto 1층 / 구글맵에 Sasaya Iori Bettei 검색
• 11:00~18:00(상품 판매는 10:00~) / 부정기 휴무
• JR 우메코지쿄토니시역에서 도보 2분

화려한 아시에트 데세르의 세계로

'플레이팅이 아름다운 디저트'를 의미하는 화려한 디저트를 만끽하다

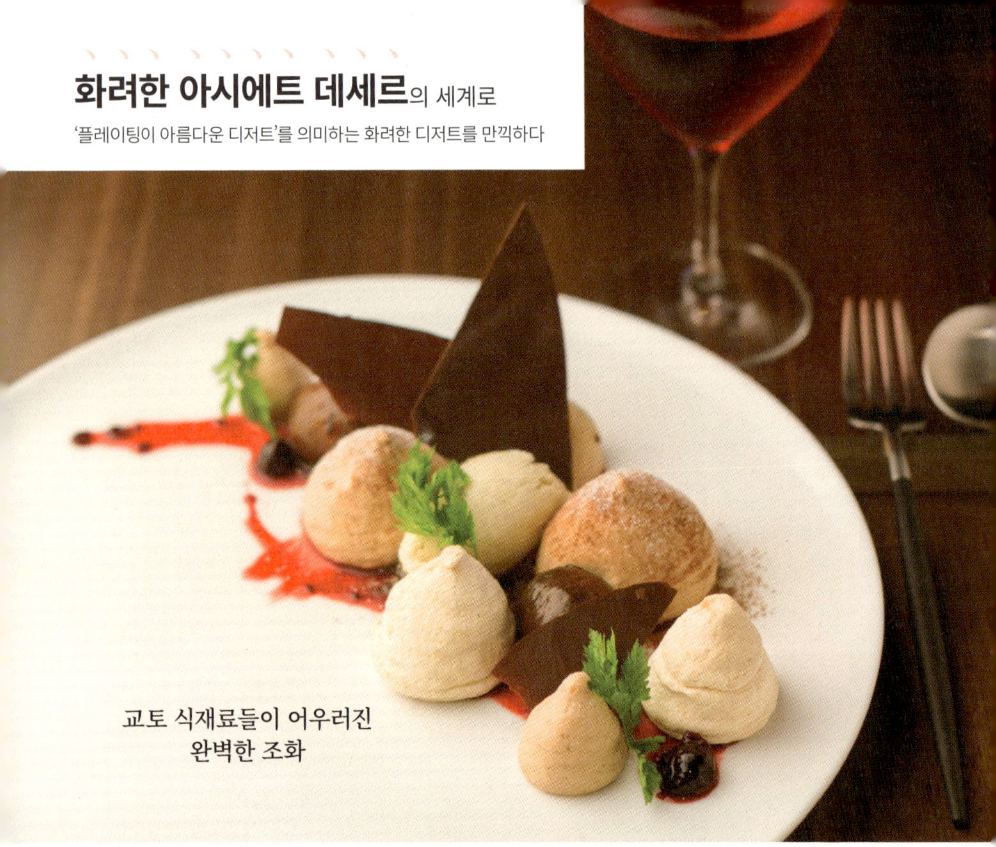

교토 식재료들이 어우러진
완벽한 조화

222

세이요자야 야마모토

西洋茶屋 山本/Dessert & Wine Seiyo-Chaya Yamamoto

프랑스와 고베의 유명 파티세리에서 실력을 갈고 닦은 오너 야마모토는 소믈리에 자격증도 있다. 교토산 식재료로 만든 디저트와 와인의 페어링을 즐길 수 있으며 메뉴는 디저트 풀코스 하나만 운영한다. 마지막까지 맛있게 즐길 수 있도록 신맛과 짠맛을 더해 맛의 균형을 세심하게 고민한 흔적이 엿보인다.

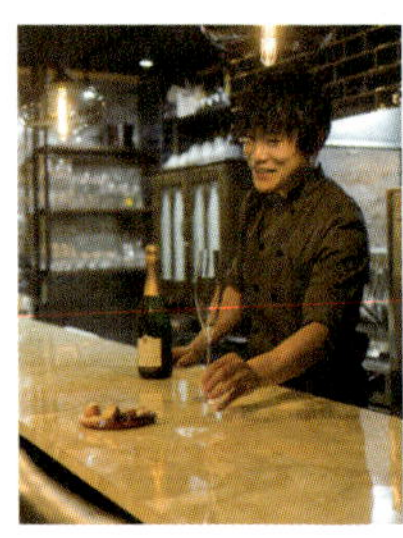

접시마다 페어링 와인을 선택해 주는 총 다섯 접시로 구성된 디저트 코스デザートコース 3,520엔.

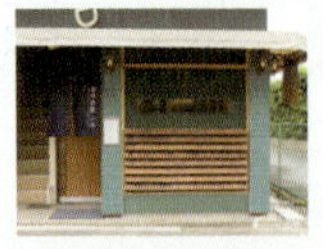

교토역

세이요자야 야마모토

☎ 080-7744-0631 <예약 가능> 6석

- Kyoto, Shimogyo Ward, Kankijicho, 19-1 1층
- 13:00, 15:00, 18:00부터 동시에 시작(전날까지 예약 필수)
- 수·목요일 휴무 / JR 우메코지교토니시역에서 도보 2분

223

아상블라주 카키모토
ASSEMBLAGES KAKIMOTO

국내외의 다양한 대회에서 뛰어난 성과를 거둔
실력파 셰프 카키모토 아키히로의 카페. 레스토
랑처럼 세련된 카운터석에서 생생한 서비스를
즐길 수 있다. 피처 뮤지엄 フィーチャーミュージアム
(2,420엔)은 초콜릿 세계대회 출품작을 바탕으로
만든 인기 메뉴다.

셰프가 만든 아름답게 장식된
케이크들이 진열되어 있다.

고쇼미나미

아상블라주 카키모토

   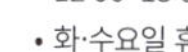

☎ 075-202-1351 <예약 불가 ※케이크와 디저트는 예약 보관 가능> ♟ 10석
• 587-5 Matsumotocho, Nakagyo Ward, Kyoto
• 12:00~18:00(디너 영업이 있을 시 ~17:00, 상품 판매는 ~19:30)
• 화·수요일 휴무, 부정기 휴무
• 시내버스 사이반쇼마에 정류장에서 도보 5분

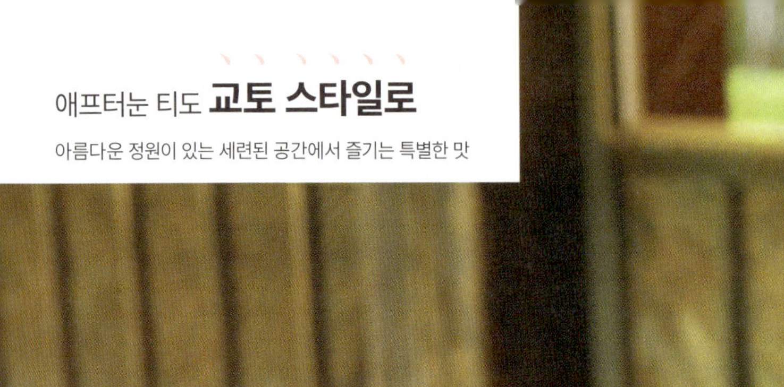

224

빵과 에스프레소와
아라시야마 정원

パンとエスプレッソと 嵐山庭園

아라시야마에 있는 210년 넘은 정원 딸린 고택을 전통의 멋을 살려 개조한 카페. 백차 세트 '마쓰'ブランティーセット「松」(3,500엔, 음료 포함)는 빵과 까눌레, 과일 샌드 등 다섯 가지를 담은 보물상자 같은 세트 메뉴다. 돌아가는 길에는 별채에 있는 베이커리 '빵과パンと'에서 잊지 말고 선물용 빵을 구매하자.

1.

빵과 에스프레소와
아라시야마 정원

CARD

☎ 075-366-6850 <예약 불가> ♙ 36석
• 45-15 Sagatenryuji Susukinobabacho,
  Ukyo Ward, Kyoto
• 08:00~18:00 / 부정기 휴무
• 란덴 아라시야마역에서 도보 4분

2.

1. '빵과'에서 인기 식빵으로 만든 말차 프렌치토스트 세트抹茶のフレンチトーストセット 1,300엔~(14시~). 2. 교토산 식재료로 만든 교토 한정 빵도 판매한다.

특제 빵과 디저트를
조금씩 다양하게 즐길 수 있다

교토의 초콜릿 열기는 식을 줄 모른다

최신 트렌드가 담긴 초콜릿에서도 고도의 정취를 느낄 수 있는 것이 바로 교토 감성!

225

쇼콜라 벨 아메르
교토벳테이 산조점

ショコラ ベル アメール 京都別邸 三条店
Chocolat BEL AMER

일본의 사계절과 자연을 담은 초콜릿 전문점. 산조점에서는 가나슈와 프랄린 등을 담아 아름답게 완성한 '이로도리 쇼콜라彩シ ョコラ'(1개, 314엔)와 한정 케이크, 후시미 지역의 술과 말차 등 교토 식재료로 만든 초콜릿을 판매한다. 2층에는 초콜릿 바도 운영한다.

226

카카오 365 기온점

マールブランシュ 加加阿365 祇園店

인기 양과자 브랜드 '마르블랑슈マールブランシュ'에서 선보인 초콜릿 전문점. 대표 상품 '카카오 365'를 비롯해 고급 카카오로 만든 독창적인 초콜릿이 즐비하다. 모나카카오もなかかお(3개들이, 1,000엔)는 직접 볶은 아몬드 초콜릿을 두 가지 색 모나카로 감싼 일본식과 서양식 퓨전 메뉴다.

쇼콜라 벨 아메르
교토벳테이 산조점

☎ 075-221-7025 <예약 불가> ♟ 22석
• Kyoto, Nakagyo Ward, Masuyacho, 66
• 10:00~20:00(초콜릿 바 L.O. 19:30) / 부정기 휴무
• 지하철 가라스마오이케역에서 도보 5분

카카오 365 기온점

☎ 075-551-6060 <예약 가능> ♟ 없음
• 570-150 Gionmachi Minamigawa,
  Higashiyama Ward, Kyoto • 10:00~17:00
• 연중무휴 • 시내버스 기온 정류장에서 도보 3분

227

브랑 브룬
BRUN BRUN

1935년(쇼와 10년)에 문을 연 교토교엔 남쪽에 위치한 초콜릿 전문점. 향기로운 우지 고급 말차로 만든 말차 트리플 초콜릿抹茶 トリュフチョコレート(1,500엔)은 겉은 바삭하고 속은 부드럽게 녹는 절묘한 식감이 뛰어나다. 매장에는 디저트나 가벼운 식사를 판매하는 카페도 운영된다.

228

뉴 스탠다드 초콜릿
NEW STANDARD CHOCOLATE

일본 최고의 쇼콜라티에가 선보이는 초콜릿이 가득하다. 'ba·ku·ga!+choco'(3개, 500엔)는 수제 맥주 제조 과정에서 나오는 맥아 지게미와 일본산 쌀가루로 만든 고소한 쇼트브레드에 비터 초콜릿을 코팅한 인기 상품.

고쇼미나미

브랑 브룬

☎ 075-231-0521 <예약 불가>   🪑 카페 246석
• 462 Sanbongicho, Nakagyo Ward, Kyoto
• 10:00~18:00(공휴일은 ~17:00)
※ 카페 L.O. 17:00(공휴일은 L.O. 16:00)
• 일·월요일 휴무
• 지하철 마루타마치역 5번 출구에서 도보 3분

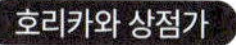

호리카와 상점가

뉴 스탠다드 초콜릿

☎ 075-432-7563 <예약 가능>   🪑 없음
• 602-8111 Kyoto, Kamigyo Ward, Masuyacho 28 호리카와 상점가
• 구글맵에 New Standard chocolate Kyoto 검색
• 11:00~18:00 / 부정기 휴무
• 시내버스 호리카와시모다치우리 정류장 앞

간식

특별한 감성 가득!
예약 필수인 쿠키 세트

229

무라카미 가이신도 京都 村上開新堂

오랜 세월의 흔적이 느껴지는 양과자점. 100년이 넘어도 변하지 않는 레시피로 부드러운 과자를 굽는다. 바닐라 쿠키, 시나몬 사블레, 진저 슈가, 살구잼 샌드 등 장인의 손길을 거친 쿠키는 모두 열한 가지. 틴 케이스에 담긴 세트 상품만 판매한다.

바삭바삭하고
고소하다

쿠키 작은 틴 케이스クッキー小缶 6,480엔. 틴 케이스는 두 가지 사이즈가 있으며 예약이 필요하다(약 1년 대기). 소비기한은 제조일로부터 여름 45일, 겨울 60일.

데라마치

무라카미 가이신도

CARD (※카페는 불가)

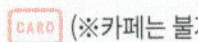

☎ 075-231-1058 <예약 가능> 👤 15석
• 62 Tokiwagicho, Nakagyo Ward, Kyoto
• 10:00~18:00 / 일요일, 공휴일, 셋째 주 월요일 휴무
• 지하철 교토시야쿠쇼마에역 11번 출구에서 도보 5분

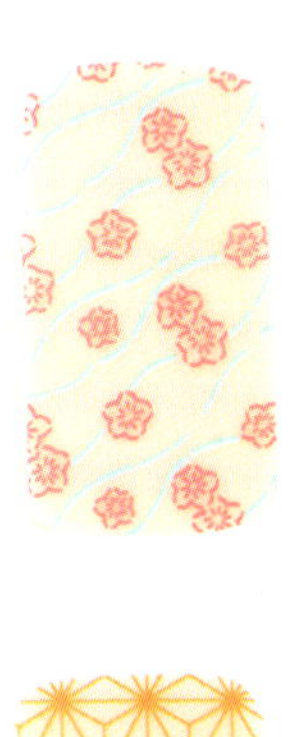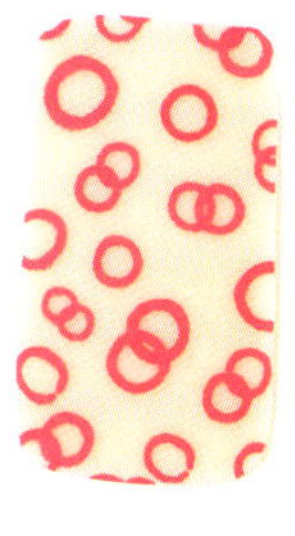

일본 전통 무늬를 담은
풍미 가득한 작은 케이크

230

교마토이카시 cacoto 京纏菓子cacoto

유서 깊은 의상 대여점으로 시집간 파티시에 미야가와가
'일본 전통 무늬의 매력을 알리고 싶다'는 마음으로 만든
두 입 크기 미니 케이크 kimono. 겉에는 복을 상징하는
전통 무늬가 새겨져 있으며 총 여덟 가지 케이크에 각각
다른 크림과 잼이 들어가 있어 보는 재미와 먹는 재미가
가득하다. 포장도 세련되어 선물용으로도 좋다.

무늬의
\ 의미에도 주목 /

무늬 조합은 자유다.
(kimono 8개들이
3,672엔. 그 밖에도 1
개 420엔, 3개 1,479
엔, 5개 2,538엔)

교마토이카시 cacoto

☎ 075-351-2946 <예약 가능> 없음
• 553-5 Oecho, Shimogyo Ward, Kyoto
• 10:00~17:00 / 일요일 휴무, 부정기 휴무
• 지하철 고조역 1번 출구에서 도보 3분

간식

한 조각의 행복, **과일 샌드위치**

싱그러운 과일을 가득 넣은 샌드위치는 감성 충만!

일곱 가지 과일을
특제 크림과 함께

231

크리켓クリケット

FRUIT&PARLOR CRICKET

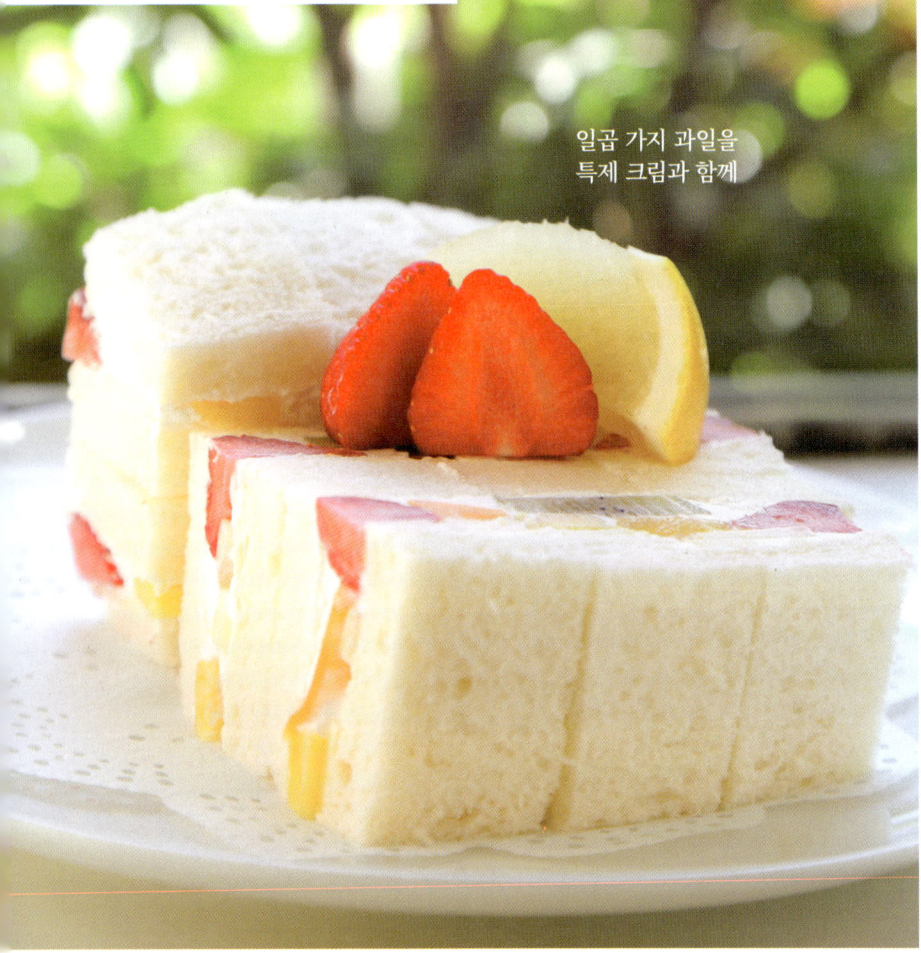

과일 가게가 운영하는 과일 카페. 일곱 가지 과일이 듬뿍 들어간 과일 샌드위치, 후르쓰 산도 フルーツサンド(1,400엔)가 가장 인기다. 생크림은 대표 메뉴인 통과일 젤리에 사용하는 것과 같이 과일의 맛을 절묘하게 살린다.

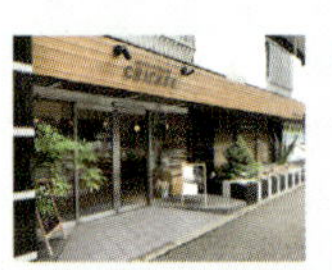

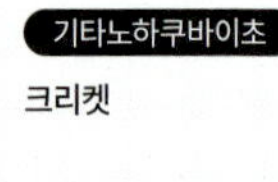

기타노하쿠바이초

크리켓

☎ 075-461-3000 <예약 가능> 23석

- Kyoto, Kita Ward, Hirano Hatchoyanagicho, 68-1 1층
- 10:00~18:00 / 화요일 부정기 휴무
- 시내버스 기누가사코마에 정류장에서 도보 2분

메이지 시대에 개업한 과일 가게에서
인기를 몰고 있는 샌드위치

1.

1. 스페셜 샌드スペシ
ャルサンド 1,100엔.
은은한 짠맛이 느껴지
는 폭신한 식빵과 담
백한 생크림으로 만든
다. 포장도 가능.

232

야오이소

フルーツパーラー ヤオイソ
Fruit parlor Yaoiso

본점 과일가게 바로 근처에 있는 카페.
딸기, 멜론 등 인기 과일을 큼직하게 잘
라 넣은 스페셜 샌드가 인기다.

시조오미야

야오이소

☎ 075-841-0353 <예약 불가> 目 34석
• Kyoto, Shimogyo Ward, Tatsunakacho, 496
• 09:30~16:45(L.O.)
• 12월 30일~1월 4일 휴무
• 한큐 오미야역 2A 출구 앞

다섯 가지 과일을
가득 넣은 샌드위치!

1.

1. 과일 샌드위치フルー
ツサンド 1,375엔. 짠맛
을 최소화한 빵으로 샌
드위치를 만들어 과일
본연의 맛을 더욱 잘 느
낄 수 있다.

233

호소카와 시모가모 본점

京都・下鴨 Fruit&Cafe Hosokawa

일본산 중심으로 고급 과일만 판매하는
오래된 과일 가게. 과일 샌드위치에는
시즈오카산 머스크멜론, 딸기, 바나나,
파인애플, 파파야를 사용한다.

시모가모

호소카와
시모가모 본점

☎ 075-781-1733 <예약 불가> 目 12석
• 8 Shimogamo Higashihonmachi,
  Sakyo Ward, Kyoto
• 10:00~18:00(L.O. 17:00)
• 수요일 휴무, 화요일 부정기 휴무
• 시내버스 라쿠호쿠코코마에 정류장에서
  도보 5분

간식

노포 찻집 살롱에서 보내는 여유로운 시간

엄선한 찻잎으로 우린 향긋한 차와 디저트를 즐겨보자

234
살롱 드 칸바야시
(칸바야시슌쇼 본점)

Salon de KANBAYASHI(上林春松本店)

다이쇼 시대(1912~1926)의 건물을 활용한 멋진 공간. '일상에 일본 차를 더한다'라는 콘셉트로 손님이 찻주전자를 사용해 직접 차를 우리는 방식이다. 말차 세트抹茶づくし (1,800엔)는 칸바야시슌쇼 본점의 말차 '비와노시로琵琶の白'를 사용한 디저트 세트다.

235
잇포도차호 교토 본점,
다실 '카보쿠'

一保堂茶舗 喫茶室 「嘉木」

약 300년 전통을 간직한 차 전문점 안에 마련된 티룸. 점원에게 차 우리는 법을 배우며 직접 차를 내릴 수 있어서 일본 차를 더욱 가깝게 느낄 수 있다. 화과자가 포함 (1,210엔~)되어 있다.

살롱 드 칸바야시

☎ 075-551-3633 <예약 가능> 🍴 30석
- 400-1 Kinencho, Higashiyama Ward, Kyoto
  아카가네 리조트 내 / 구글맵에 Salon de KANBAYASHI 검색
- 11:30~17:00 / 화요일 휴무, 부정기 휴무
- 시내버스 히가시야마야스이 정류장에서 도보 3분

잇포도차호 교토 본점,
다실 '카보쿠'

☎ 075-211-4018 <예약 불가> 🍴 35석
- Kyoto, Nakagyo Ward, Tokiwagicho, 52
- 10:00~17:00(L.O. 16:30) / 연중무휴
- 지하철 교토시야쿠쇼마에역 11번 출구에서 도보 7분

236

마루큐 코야마엔 니시노토이엔텐 '모토안'

丸久小山園西洞院店茶房「元庵」

우지차 산지로 유명한 교토 우지시 오구라에 겐로쿠 시대(1688~1704)에 문을 연 찻집. 차를 직접 재배하고 제조하며 고급스러운 맛을 꾸준히 선보이고 있다. 다실에서는 연하게 우린 차 '미야비노인雅の院'과 화과자(1,375엔) 등을 여유롭게 즐길 수 있다.

가라스마오이케

마루큐 코야마엔 니시노토이엔텐 '모토안'

☎ 075-223-0909 <예약 불가> 🪑 10석
• Kyoto, Nakagyo Ward, Sanbonishitoincho, 561
• 구글맵에 Marukyu-koyamaen, motoan 검색
• 10:30~17:00(상품 판매는 09:30~18:00)
• 수요일 휴무(공휴일이면 영업)
• 지하철 가라스마오이케역 4-1번 출구에서 도보 6분

237

츠엔혼텐 通圓茶屋

1160년(에이랴쿠 원년)에 문을 연 역사 깊은 명가. 고급스러운 차부터 일상에서 마시기 좋은 차까지 다양하게 판매한다. 같은 공간에 운영하는 다실에서는 갓 갈아낸 말차로 만든 디저트를 맛볼 수 있으며 '상급 말차 세트上抹茶セット'(1,000엔)는 향기로운 부드러운 말차와 차로 만든 경단을 즐길 수 있다.

우지

츠엔혼텐

☎ 0774-21-2243 <예약 불가> 🪑 30석
• Higashiuchi-1 Uji, Kyoto
• 10:30~16:30(L.O.) / 연중무휴
• 게이한 우지역에서 도보 2분

기분 따라 골라 마시는 **실력파 차 전문점**

교토에서 보내는 여유로운 티타임, 일본 차? 홍차?

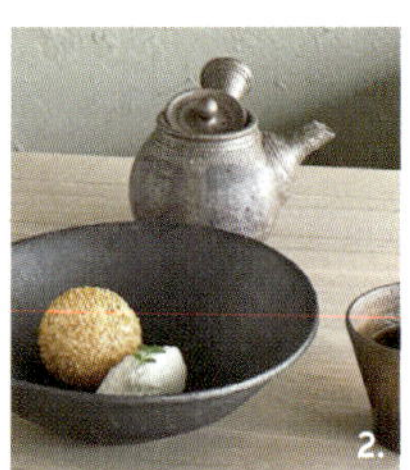

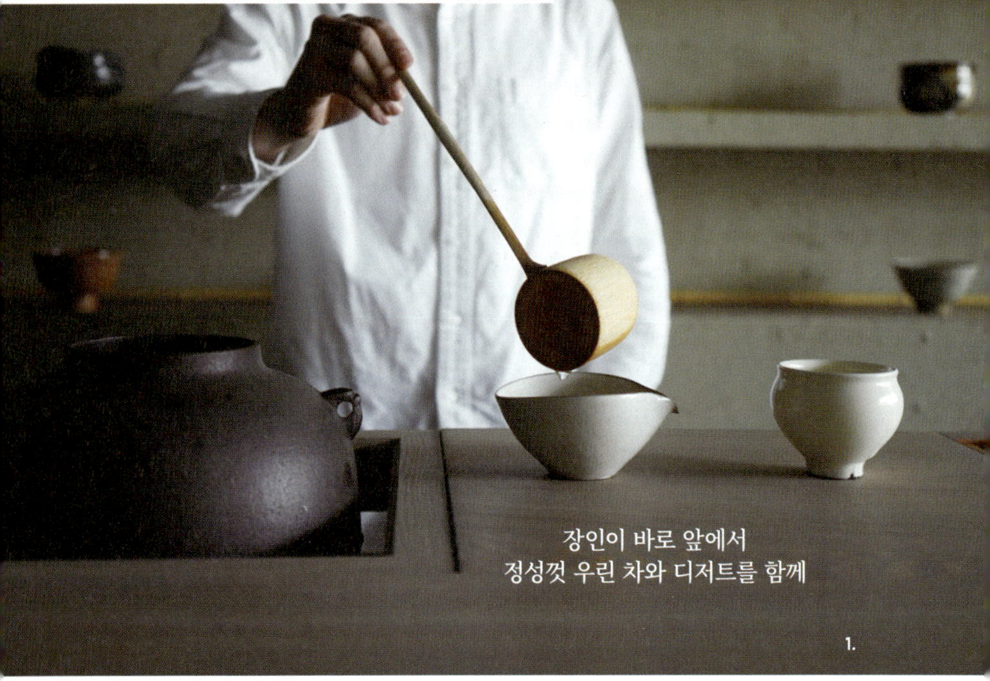
장인이 바로 앞에서
정성껏 우린 차와 디저트를 함께
1.

238

유겐 YUGEN

'일본의 전통을 일상에서'라는 마음을 담은 일본 차 전문점. 우지차를 중심으로 전국 각지에서 엄선한 고급 일본 차만 선보인다. 카운터석만 있는 매장에서는 어디에 앉아도 차를 우리는 모습을 가까이서 감상할 수 있다. 작가의 작품인 다구도 판매한다.

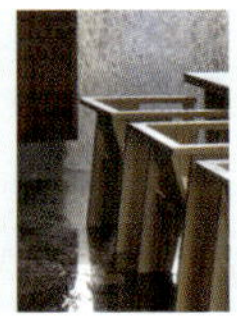

2.

1. 눈앞에서 정성스럽게 내려 주는 말차를 즐긴다. **2.** 센차 煎茶 1,200엔~. 건강한 참깨 경단과 차 세트 精進胡麻団子とお茶セット 2,100엔~.

마루타마치

유겐

CARD

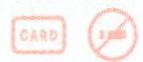

☎ 075-708-7770 <예약 가능> 11석
- 146 Kameyacho, Nakagyo Ward, Kyoto, 604-0865
- 11:00~18:00 / 부정기 휴무
- 지하철 마루타마치역 6번 출구에서 도보 3분

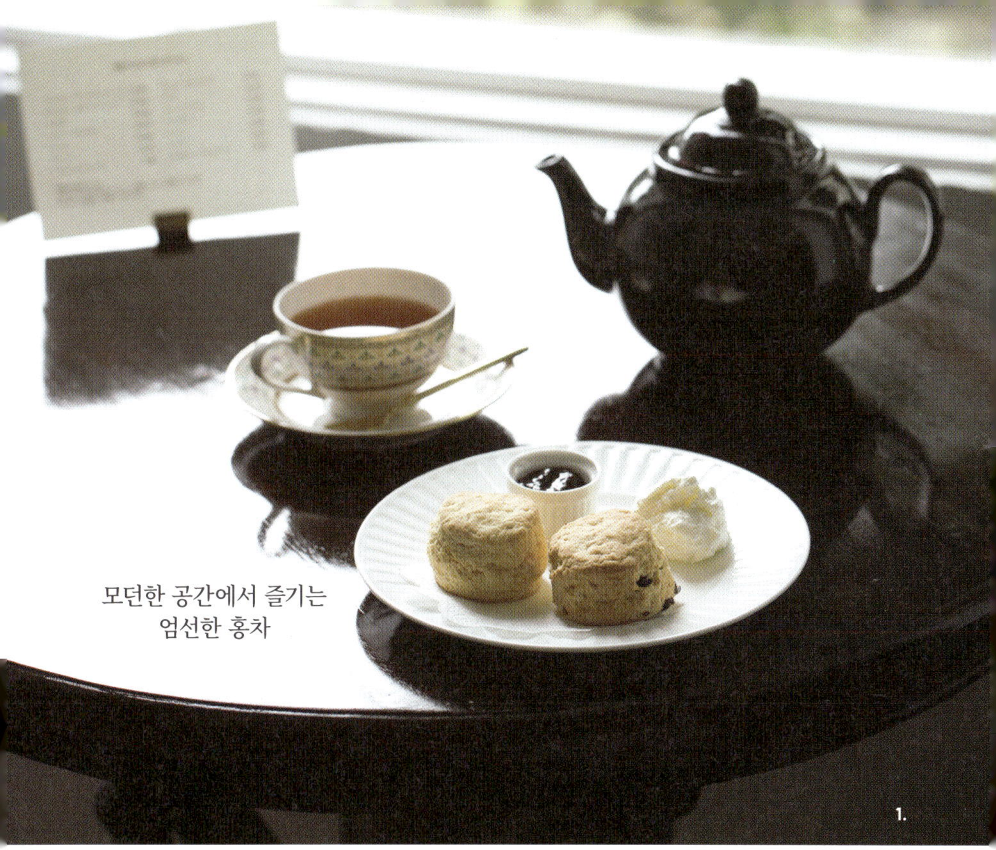

239

미스림 MISSLIM Tea Place

고쇼미나미에 위치한 약 70년 된 전통 가옥을 순백의 공간으로 리노베이션했다. 홍차를 사랑하는 오너가 엄선한 찻잎만을 판매한다. 클래식 티, 가향차, 차이티 등 다양한 홍차와 그에 어울리는 디저트가 즐비하다. 정성껏 우린 홍차에 감탄이 나온다.

1. 입 안에서 부드럽게 녹는 스콘 케이크 세트スコーンの ケーキセット 1,330엔. 홍차는 찻주전자에 제공된다.

마루타마치

미스림

☎ 075-231-4688 <예약 불가> 👤 15석
• 400 Iseyacho, Kamigyo Ward, Kyoto
• 13:00~19:00(L.O. 18:00) / 목·금요일 휴무
• 시내버스 가와라마치마루타마치 정류장 앞

개성 넘치는 커피를 부담 없이 즐길 수 있는 커피 스탠드가 큰 인기

유명 바리스타가 내린 한 잔을
공원 같은 공간에서

240

오카페 로스팅 파크
OKaffe ★ ROASTING PARK

바리스타 오카다 아키히로가 '커피
를 편하게 즐기기를 바란다'는 마음
에서 문을 연 카페. 구움과자는 계열
매장 'OKaffe bar&dolce'에서 즐길
수 있다.

드립 커피(레귤러)
ドリップコーヒー(レギュラー)
550엔

가라스마고조

오카페 로스팅 파크

☎ 075-744-0102 <예약 불가>
• 51 Kameyacho, Shimogyo Ward, Kyoto, 600-8451
• 구글맵에 Okaffe ROASTING PARK 검색
• 09:00~17:00 / 연중무휴
• 지하철 고조역 2번 출구에서 도보 6분

모던한 감성이 흐르는
커피의 '기지'

241

커피 베이스 카논도
COFFEE BASE KANONDO

검은 색조로 꾸며진 매장. 스페셜티
원두를 자가 로스팅한 드립 커피 외
에 대나무 숯을 사용한 블랙 라테도
있다.

스페셜티 블렌드(핫)スペシャ
ルティブレンド(ホット) 500엔

시조카라스마

커피 베이스 카논도

☎ 075-741-8718 <예약 불가> ᐤ 4석
• Kyoto, Nakagyo Ward, Kannondocho,
  466 Miyako Building 3층
• 10:00~18:00(토·일요일 및 공휴일은 11:00~) / 연중무휴
• 지하철 시조역에서 도보 2분

오래된 전통 가옥 속
비밀기지 같은 공간

242

니조코야 二条小屋

주택가에 조용히 자리한 스탠딩 커
피숍. 한 잔씩 정성껏 내리는 핸드드
립 커피의 맛이 특별하다. 구움과자
와 함께 먹기 좋다.

블렌드 커피
ブレンドコーヒー 450엔

니조성 주변

니조코야

☎ 090-6063-6219 <예약 불가> 웃 없음(스탠딩 운영)
• 382-3 Mogamicho, Nakagyo Ward, Kyoto
• 11:00~20:00(일·월·수요일은 ~18:00)
• 화요일 휴무, 부정기 휴무
• 지하철 니조조마에역 1번 출구 앞

자가 로스팅 커피를
감각적인 컵에 담다

243

머머 커피 교토

murmur coffee kyoto

다카세가와 강이 흐르는 소리가 들
리는 카페. 쓴맛과 단맛의 균형이 뛰
어난 murmur 블렌드 등 자가 로스
팅한 원두 4종을 판매한다. 푸드 메
뉴도 다양하다.

murmur 블렌드
murmurブレンド 490엔

시치조

머머 커피 교토

☎ 075-708-6264 <예약 불가> 웃 14석
• 103 Hachiojicho, Shimogyo Ward, Kyoto
• 일요일 휴무, 공휴일 부정기 휴무 ※인스타그램 확인 필요
• 게이한 시치조역 3번 출구에서 도보 5분

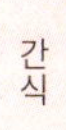

간식

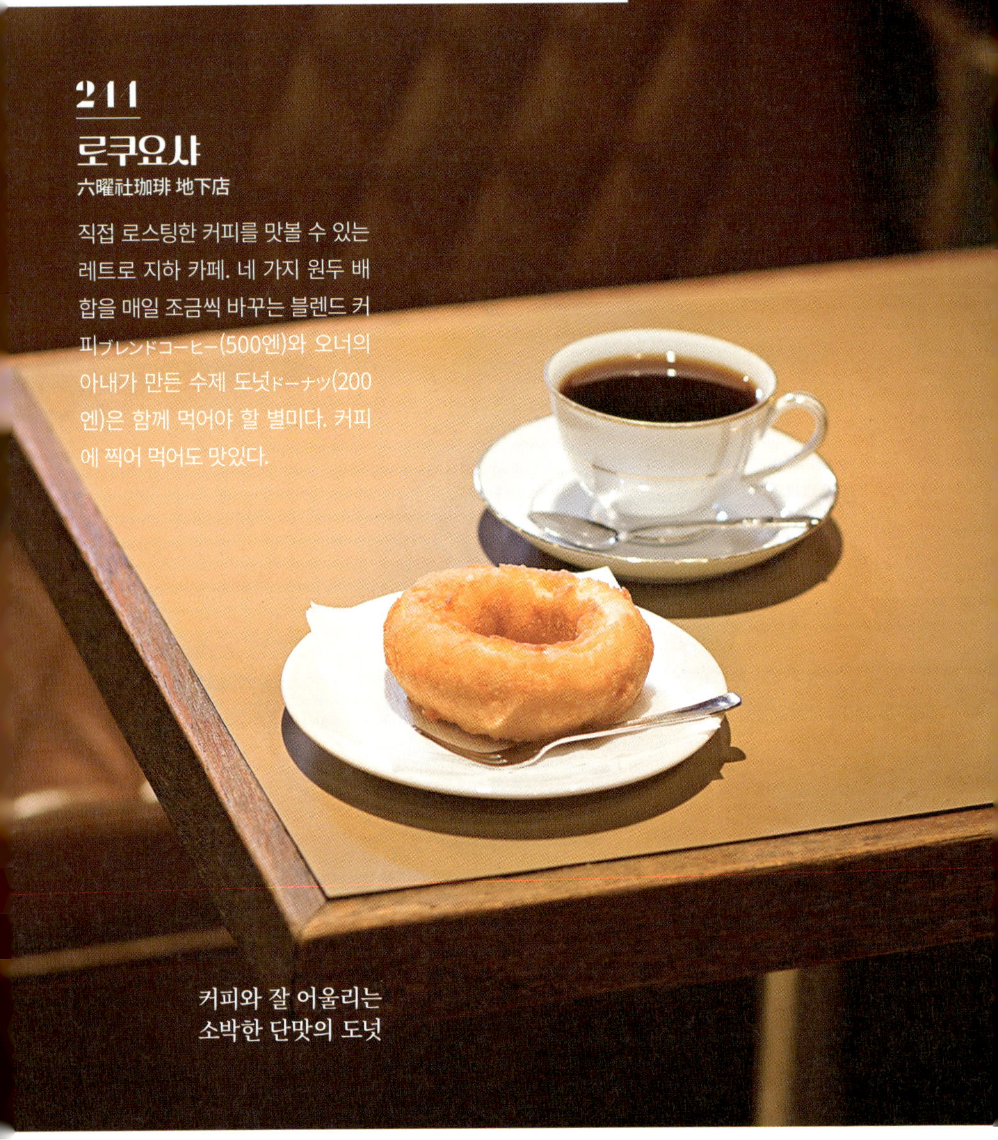

211

로쿠요샤
六曜社珈琲 地下店

직접 로스팅한 커피를 맛볼 수 있는 레트로 지하 카페. 네 가지 원두 배합을 매일 조금씩 바꾸는 블렌드 커피ブレンドコーヒー(500엔)와 오너의 아내가 만든 수제 도넛ドーナツ(200엔)은 함께 먹어야 할 별미다. 커피에 찍어 먹어도 맛있다.

커피와 잘 어울리는
소박한 단맛의 도넛

산조

로쿠요샤

☎ 075-241-3026 <예약 불가> ♟ 25석
• Kyoto, Nakagyo Ward, Daikokucho, 40-1 지하 1층
• 12:00~23:00(L.O. 22:30) / 수요일 휴무
• 지하철 교토시야쿠쇼마에역 1번 출구에서 도보 5분

토리노키 커피
鳥の木珈琲/Torinoki Coffee

주문 즉시 원두를 갈아 신
선하게 내리는 커피コーヒ
ー(500엔)는 블렌딩한 원
두 외에도 과테말라, 케냐
산 원두 등이 있다. 수제 푸
딩自家製のプリン(400엔)은
생크림을 사용하지 않고
달걀을 듬뿍 사용해 만들
었으며 쌉싸름한 캐러멜이
은은하게 어우러진다.

클래식한 푸딩에서 느껴지는
달걀의 풍미가 진하다

고쇼미나미

토리노키 커피

☎ 비공개 <예약 불가>   👤 11석
- Kyoto, Nakagyo Ward, Yamanakacho, 542 1층
- 11:00~17:00(L.O. 16:30)
- 수요일 및 셋째 주 일요일 휴무, 부정기 휴무(홈페이지 확인 필수)
- 지하철 마루타마치역 7번 출구에서 도보 6분

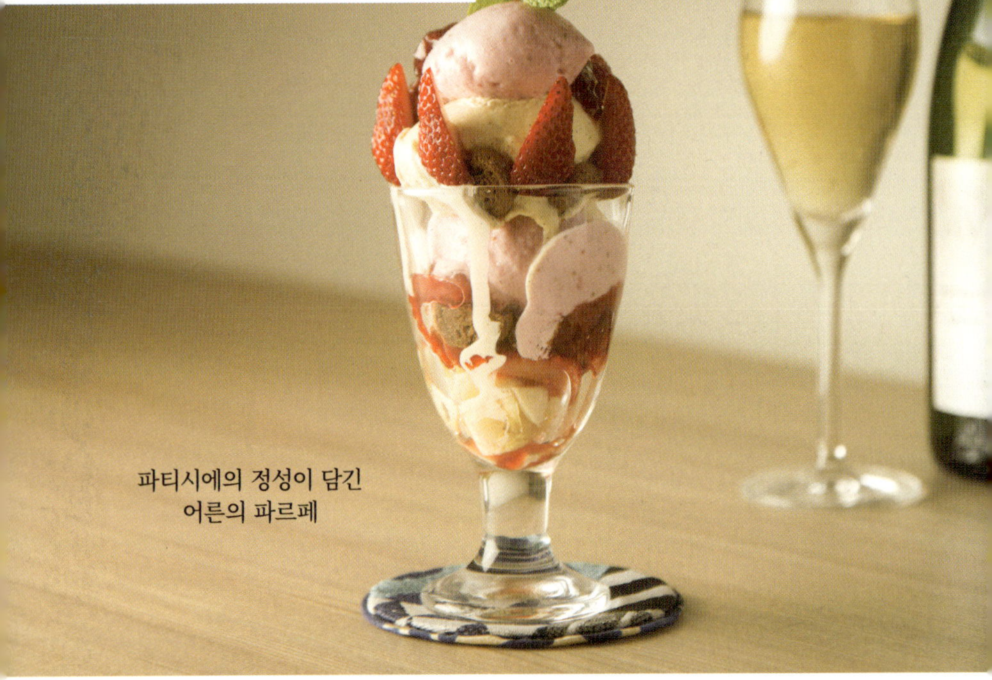

파티시에의 정성이 담긴
어른의 파르페

246

리루 Lilou

빌딩 2층에 자리 잡은 아지트 같은 공간.
유명 호텔에서 수석 파티시에로 활약했
으며 소믈리에 자격을 지닌 오너가 내추
럴와인과 파르페의 조화를 선보인다. 제
철 재료로 만든 파르페와 엄선된 와인이
서로의 매력을 살리며 입안 가득 화려한
풍미를 선사한다.

수제 아이스크림과 잼에 제철 과일을 곁들인
계절 파르페季節のパフェ 2,000엔~.

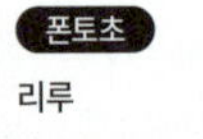
폰토초

리루

☎ 090-9219-1360 <예약 가능> 🪑 12석
• Kyoto, Nakagyo Ward, Matsumotocho, 161 Ueno
  Building 2층 / 구글맵에 Lilou Kyoto 검색
• 18:00~24:00 / 월요일 휴무
• 한큐 교토가와라마치역 1A출구에서 도보 3분

247

케이브 드 케이 Cave de K

교토 최고의 바 'K6'의 자매점. 바이기 때문에 디저트에도 술이 들어간다. 브륄레처럼 윗면은 바삭하고 속은 촉촉한 커스터드 크림으로 이루어진 핫케이크에는 위스키가 듬뿍 스며 있다. 어떤 술이 어울릴지 고민된다면 부담 없이 바텐더의 추천을 받고 대화를 나눠보자.

핫케이크ホットケーキ 990엔. 작지만 진한 맛! 매일 바뀌는 오늘의 샴페인 日替わりシャンパーニュ 2,750엔

교토시청 앞

케이브 드 케이

☎ 075-231-1995 <예약 가능> ※21:00까지 👥 12석
• Kyoto, Nakagyo Ward, Higashiikesucho, 481 1층
• 15:00~24:00 / 화요일 휴무
• 지하철 교토시야쿠쇼마에역 2번 출구에서 도보 4분

2 2019년에 드라마로 제작된 요리 만화. 변호사 카케이 시로와 미용사 야부키 켄지는 동거 커플이다. 매일 저녁 시로가 만든 음식을 함께 먹으며 그날 있었던 일과 속마음 이야기를 나눈다. 식비를 절약하면서도 영양과 맛을 고루 갖춘 맛있는 식단이 눈길을 끈다. 8권에서는 켄지의 생일을 맞아 시로의 선물로 교토 여행을 떠나는데, 그때 두 사람이 찾아간 곳이 바로 난젠지 근처의 히노데 우동이다. 휴일에는 줄을 서기도 하는 인기 카레우동 가게. 매운맛(유료)은 물론 면 종류도 우동, 소바, 중국식 중에서 선택할 수 있다. 구수한 가다랑어 육수에 향신료를 섞은 국물이 쫀득쫀득한 면발에 스며들어 입안 가득 깊은 풍미가 퍼진다. 가장 인기 있는 특 카레우동에는 소고기, 파, 교토 특유의 유부가 들어가 더욱 깊은 맛을 느낄 수 있다.

《어제 뭐 먹었어?》

ⓒ요시나가 후미 /
고단샤

STORY: 40대 남성 커플의 포근한 일상과 식탁을 그린 요리 만화. 레시피북 못지 않은 세밀한 묘사가 돋보이는 작품.

난젠지 주변

히노데 우동

☎ 075-751-9251 <예약 불가> 🪑 20석
• Kyoto, Sakyo Ward, Nanzenji Kitanobocho, 36
• 11:00~15:00 / 일요일 휴무
• 시내버스 난젠지·에이칸도미치 정류장에서 도보 10분

개성이 확실한 맛집

- 전철 │ 아트 │ 책 │ 식물
- 색다른 공간 │ 피크닉 │ 이문화 교류
- 호텔 │ 강 │ 사계

電車

전철

진한 수제 치즈케이크
チーズケーキ 700엔 등

눈앞을 지나가는
에이덴 전차를 바라보며
여유를 즐기다

어른도 아이도 설레는
전차가 있는 공간

낮, 해 질 녘, 밤. 시간에 따라 변하는 전차가 있는 풍경. 한쪽 면에 교토의
사계절을 그린 전차가 지나가면 기분이 더욱 좋아진다.

249 카페 잔파노 CAFE ZANPANO

데마치야나기에서 히에이잔과 구라마를 오가는 노면
전차 에이덴으로 알려진 에이잔 전철 선로 옆에 자리
한 건물 2층에 있는 카페. 커다란 창 너머로 10분 간
격으로 오가는 전차들을 한눈에 감상할 수 있다. 특
등석 같은 창가 카운터석에 앉아 자동차와 버스가
오가는 사이로 느릿느릿 지나가는 에이덴을 멍하니
바라보는 시간은 그야말로 여유롭고 특별한 시간이
다. 일상의 풍경을 2층에서 내려다보는 것도 새롭다.
자가 로스팅 커피와 디저트를 느긋하게 즐겨보자.

모토타나카

카페 잔파노

☎ 075-721-2891 <예약 가능>
👥 20석

• Kyoto, Sakyo Ward, Tanaka
  Satonouchicho 81 2층
• 구글맵에 CAFE ZANPANO 검색
• 15:00~23:00 / 화·수요일 휴무,
  부정기 휴무
• 에이덴 모토타나카역 앞

콘크리트를 여러 번 붓고 굳혀 만든 카운터는 마치 지층을 연상시키는 독특한 색감으로 강렬한 존재감을 드러낸다.

250 액추얼 교토 ACTUAL KYOTO

란덴 선로 옆에 위치한 숨은 보석 같은 고택을 리노베이션한 카페. 일본 화가의 손에서 다시 태어난 흙벽, 장미 조각 작품으로 수리한 기둥 등 건물 본래의 소재와 예술이 만난 공간이 인상적이다. 매장에서는 기타우라 부부가 온화한 미소와 따뜻한 응대로 손님들의 마음을 사로잡는다. 부정기로 야간에 영업을 하는 날이 있으니 자세한 내용은 인스타그램을 확인하자.

미부

액추얼 교토

☎ 비공개 <예약 불가>

🪑 16석

• 20-2 Mibukayogoshocho, Nakagyo Ward, Kyoto
• 10:00~18:00(변경될 수 있음)
• 화요일 휴무
• 한큐 오미야역, 란덴 시조오미야역에서 도보 4분

전철

アート

아트

예술에 흠뻑 빠질 수 있는
유일무이한 공간으로

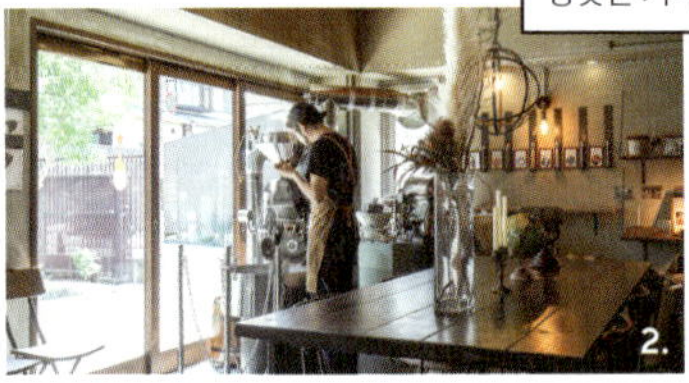

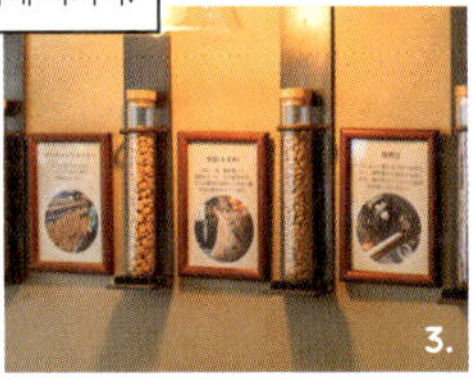

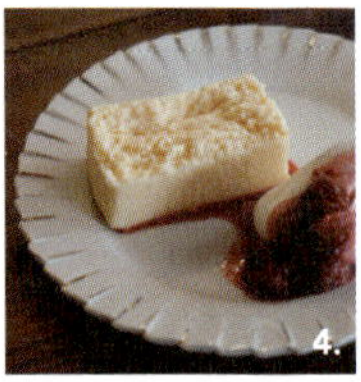

특별한 취향을 담은 장식과
진열에 마음을 빼앗기다.

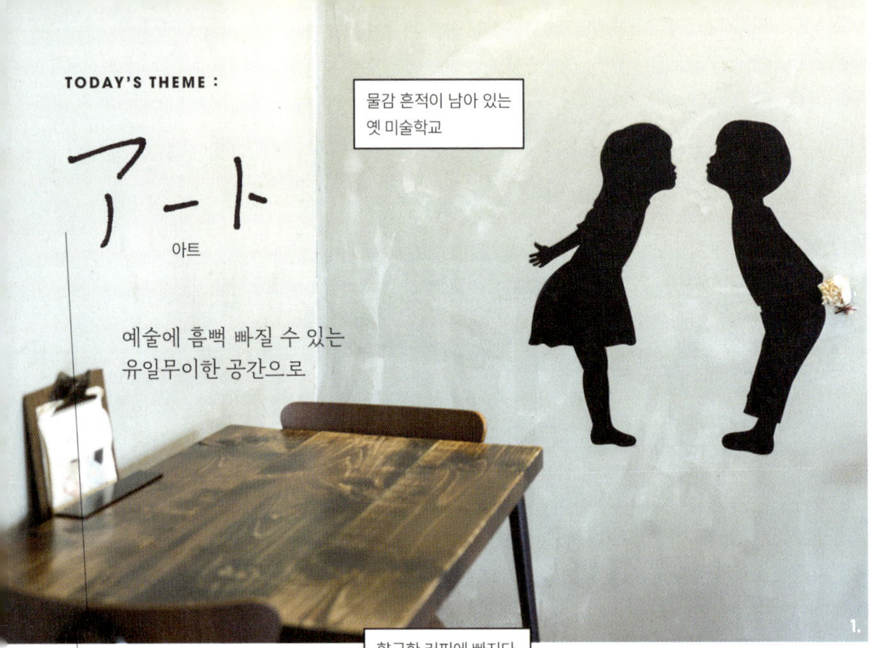

1. 사랑스러운 벽 아트에 시선 집중. **2.** 존재감 넘치는 로스팅 머신. **3.** 시험관에 전시된 원두. **4.** 아카시아꿀을 넣은 치즈 테린느チーズテリーヌ 550엔.

251 타비노네

京都珈琲焙煎所 旅の音

옛 미술학교를 개조한 복합 시설 'THE SITE' 안에 위치한 로스터리 카페. 세계 각국의 작은 농장에서 엄선한 원두를 매일 로스팅한다. 품종별로 개성 있는 향을 즐길 수 있는 싱글 오리진부터 깊고 풍부한 향의 블렌드까지 다양하게 판매하는 곳이므로, 마음에 드는 커피를 찾아보자. 세련된 인테리어가 곳곳에 자리한 노출 콘크리트 공간은 그야말로 예술적인 분위기를 자아낸다.

모토타나카

타비노네
☎ 075-703-0770 <예약 불가>
🪑 17석
- Kyoto, Sakyo Ward, Tanaka Higashiharunacho, 30-3 THE SITE A 1층
- 12:00~18:00 / 연중무휴
- 에이잔 전철 모토타나카역에서 도보 5분

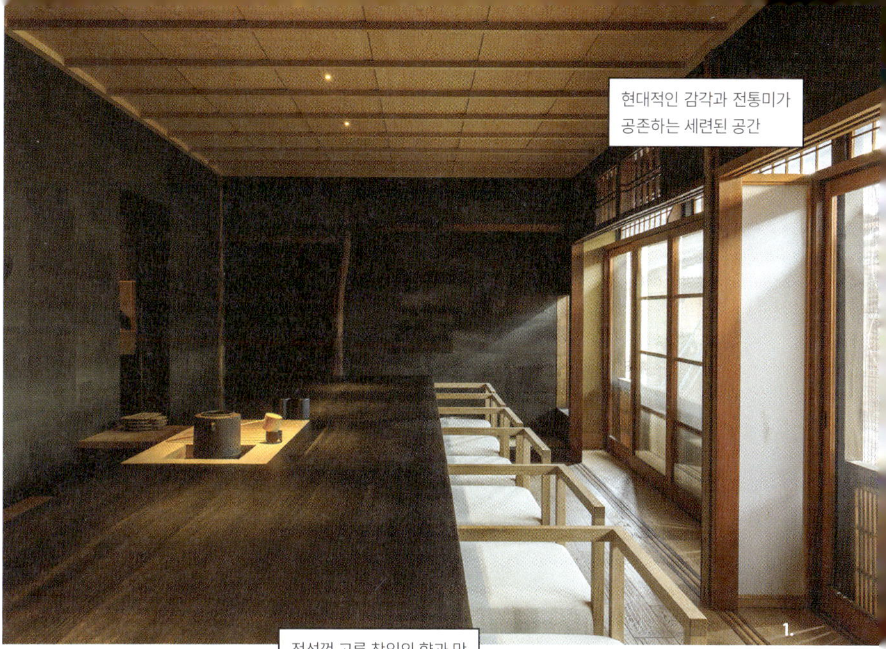

1. 자연채광으로 더욱 아름다운 공간. **2.** 차를 즐길 때는 직원의 섬세한 퍼포먼스에도 주목하자.
3. 차 가이세키茶葉懐石(5,500엔)는 매달 구성이 바뀐다. **4.** 예술작품 같은 그릇.

252 사비

立礼茶室 「然美」
Ryurei Tea Room "SABI"

뉴욕 기반 브랜드 'T.T'의 디자이너이자 현대미술가인 다카하시 다이가가 기획한 다실. 일본 차와 화과자의 정교한 조화를 즐길 수 있으며 완전 예약제로 운영된다. 다이쇼 시대에 스키야즈쿠리(다실풍으로 지은 건물)로 지어진 전통 건물을 개조했다. 매달 새로운 구성으로 선보이는 다섯 가지 창작 화과자와 그에 어울리는 다섯 가지 창작 일본 차를 즐길 수 있다. 정통과 현대가 어우러진 공간에서 차의 깊은 세계를 경험해 보자.

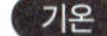

기온

사비

☎ 075-525-4020 <완전 예약제>
🪑 15석

• T.T 2층, 570-120 Gionmachi Minamigawa, Higashiyama Ward, Kyoto
• 13:00~18:30 / 연중무휴
• 게이한 기온시조역 1번 출구에서 도보 7분

아트

本
책

책과 맛있는 커피가 있다면

요즘 급증하는 북카페는 혼자만의 시간을 보내기에 최적의 공간!

1. 2.

3.

1. 빵이나 식사와 어울리는 커피 레귤러コーヒー·レギュラー 500엔. **2.** 제철 과일을 아 낌없이 넣어 만든 계절 프레시 타르트季節のフレッシュタルト. **3.** 커다란 원목 테이블 은 합석도 가능.

253 비브리오틱 헬로 카페
Café Bibliotic Hello!

건축과 디자인 관련 서적 약 1,300권이 매장 내에 빼곡 하게 꽂혀 있어서 오너가 상상한 '음식을 먹을 수 있는 도서관'을 그대로 구현했다. 책이 가득하지만 천장이 트 여 있어 개방감이 넘치며 편안한 의자와 소파에서 여유 롭게 시간을 보낼 수 있다. 계절 프레시 타르트(750엔~) 를 맛보며 독서를 즐겨보자.

고쇼미나미

비브리오틱 헬로 카페

☎ 075-231-8625 <예약 불가>
👤 45석

- Kyoto, Nakagyo Ward, Seimeicho, 650
- 11:30~24:00(L.O. 23:00)
- 부정기 휴무 ※인스타그램 확인
- 지하철 교토시야쿠쇼마에역 9번 출구에서 도보 5분

1. 가와라마치 거리에서 골목 하나 더 들어간 곳에 있다. 에스프레소エスプレッソ 420엔~.　2. 친절한 오너.　3. 커피와 잘 어울리는 수제 디저트自家製デザート 500엔~.

254 아이탈가봉
ItalGabon

도심에서 조금 떨어진 조용한 곳에 자리한 정통 에스프레소 카페. 다양한 만화, 소설, 잡지가 약 700권 있으며 누구나 자유롭게 읽을 수 있다. 이시카와현에 있는 '니자미 커피二三味珈琲'의 원두로 내린 다양한 에스프레소 향을 즐길 수 있는 것이 특징. 에스프레소에 레몬필을 곁들이거나 온더록으로 즐기는 등 새로운 감각을 더한 메뉴가 다양하다. 수제 디저트는 물론 파스타와 파니니 같은 음식 메뉴도 맛보자.

마루타마치

아이탈가봉

☎ 075-255-9053 <예약 가능>
18석

• 435 Tawarayacho, Kamigyo Ward, Kyoto
• 11:30~20:00(L.O. 19:00), 금·토요일 ~21:00(L.O. 20:00)
• 부정기 휴무
• 시내버스 가와라마치마루타마치 정류장에서 도보 3분

책

植物

식물

눈과 마음을 치유하는
식물에 둘러싸여
재충전하는 시간

드라이플라워가
가득한 공간

1. 마음에 드는 드라이플라워를 찾아보자. 2. 작은 병에 담긴 탄산수를 솜사탕에 부어 녹여 먹는 Fume'e ~퓌메 Fume'e ～ヒュメ～ 850엔. 3. 클리토리아의 아름다운 푸른색을 담은 레어 치즈케이크 レアチーズケーキ 600엔.

255　카셰트 기타시라카와점

Cachette 北白川店
Cachette Kitashirakawa

천장부터 바닥까지 드라이플라워로 가득한 꽃과 소품의 공간. 2층에는 향긋한 꽃향기를 맡으며 편안하게 쉴 수 있는 카페도 있다. 알록달록한 과일과 젤리로 꽃이 핀 듯한 아름다운 음료 외에도 프렌치토스트 등 식사 메뉴도 판매한다. 마치 다른 세계에 온 듯 꽃으로 둘러싸인 공간에서 힐링해 보자.

기타시라카와

카셰트 기타시라카와점

☎ 075-606-5430 <예약 불가>
🪑 12석
• 8-2 Ichijoji Hinokuchicho,
　Sakyo Ward, Kyoto
• 11:00~19:00
• 수요일 및 둘째·넷째 주 목요일 휴무
• 시내버스 이치조지키노모토초
　정류장에서 도보 3분

1.

2. 3.

1. 10가지 이상의 채소가 담긴 런치 플레이트. 2. 런치부터 디저트까지 가득.
3. 푸딩 스타일 치즈케이크 プリン風チーズケーキ 600엔.

256 쿨름
KULM

논과 밭, 강으로 둘러싸인 자연 속에 자리한 카페. 창고를 개조한 건물에는 시원하게 뚫린 큰 창문이 있고 카페 뒤쪽에서는 강물 흐르는 소리가 들려서 마음이 편안해진다. 이탈리안 레스토랑에서 실력을 갈고닦은 오너가 만드는 수제 피자와 독자적으로 연구를 거듭해 개발한 카레 등 오하라산 채소를 듬뿍 넣은 메뉴는 꼭 맛보고 싶은 별미다.

오하라

쿨름

☎ 090-9234-0770 <예약 가능>
👥 19석

• 117 Ohararaikoincho,
  Sakyo Ward, Kyoto
• 11:30~16:00
• 부정기 휴무
• 교토 버스 오하라 정류장에서 도보
  3분

異空間

색다른 공간

일부러 찾아가고 싶은
맛집

단골이 되고 싶어지는
특별한 공간

1. 라이트 쇼카이의 오구라 토스트 세트小倉トーストセット 1,100엔. **2.** 도심을 잊게 하는 공간.

257 라이트 쇼카이

WRIGHT商會/Wright Shokai Sanjo

인기 미스터리 소설의 무대가 된 골동품 가게를 모델
로 한 찻집. 번화가의 골목 안쪽에 조용히 자리 잡았으
며 골동품 가게로도 운영되고 있다. 매장에 진열된 가
구와 식기를 구매할 수 있어서 차를 마신 뒤 구경하는
재미가 있다. 때때로 2층 갤러리에서 전시회나 음악회
가 열리기도 한다. 마치 소설 속 세계로 들어간 듯한 특
별한 공간을 경험해 보자.

교토시청 앞

라이트 쇼카이

☎ 없음　🪑 10석

• 406-30 Sakuranocho, Nakagyo
　Ward, Kyoto, 604-8035
• 구글맵에 Wright Shokai Sanjo 검색
• 12:00~20:00(20:30~23:00은 Bar)
• 부정기 휴무
• 지하철 교토시야쿠쇼마에역 6번
　출구에서 도보 4분

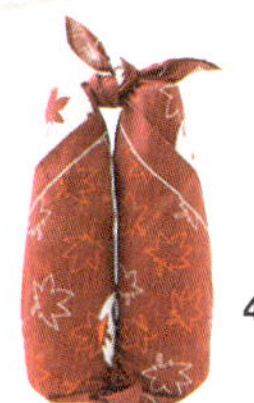

1. 2. 타일로 마감한 테이블 위에서 고양이가 기다린다. **3.** 모미폰モミポン 1,200엔. **4.** 보자기로 포장한 선물용도 판매한다.

258 모미폰
モミポン

과거에는 번화한 유흥가였지만 지금은 리노베이션 건물이 점점 늘고 있는 고조라쿠엔 지역. 그중 레트로 감성이 느껴지는 복합 시설 '고조 제작소' 1층에 자리했다. '유코'라는 감귤류 과일로 만든 오리지널 폰즈소스 '모미폰'을 판매하며, 오너가 모미폰으로 만든 음식을 제공하는 술 모임도 개최한다. 가게 안에는 사랑스러운 간판 고양이 오큐와 머튼이 있어서 손님들을 미소 짓게 한다. 운이 좋다면 말랑말랑한 발바닥 젤리를 만져볼 수 있을지도!?

고조

모미폰

☎ 080-4379-9933 <예약 가능>
🪑 10석

- 19 Hiraicho, Shimogyo Ward, Kyoto 고조 제작소 1층
- 13:00~21:00
- 부정기 휴무
- 게이한 기요미즈고조역 1번 출구에서 도보 3분

ピクニック
피크닉

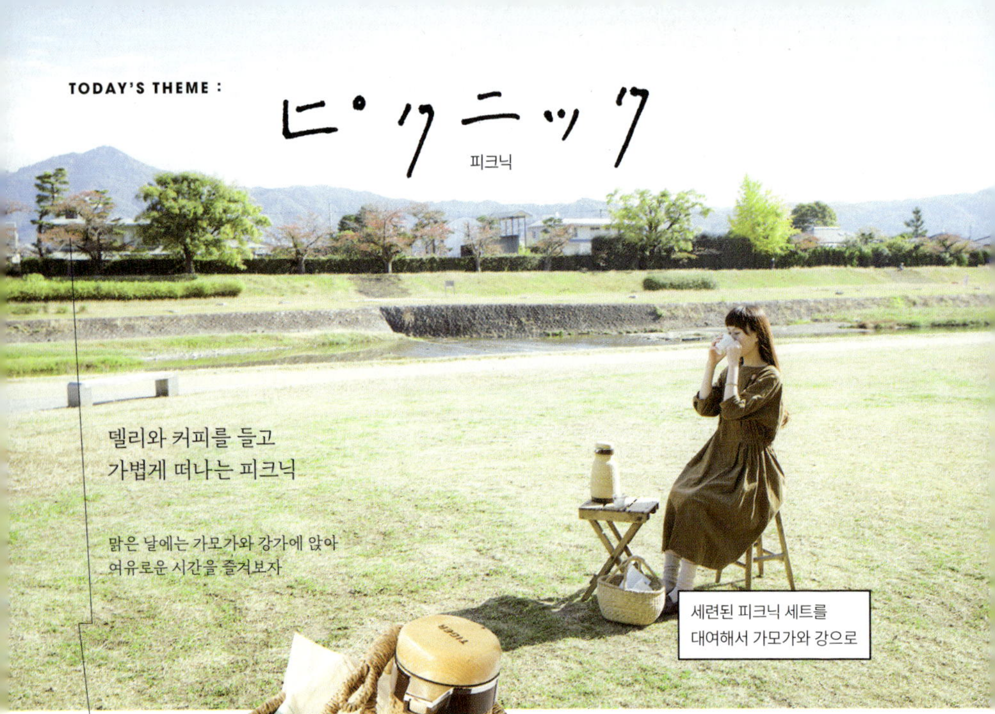

델리와 커피를 들고
가볍게 떠나는 피크닉

맑은 날에는 가모가와 강가에 앉아
여유로운 시간을 즐겨보자

1.

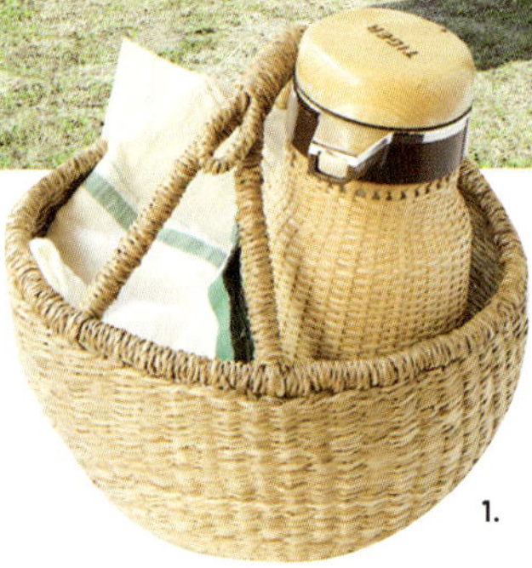

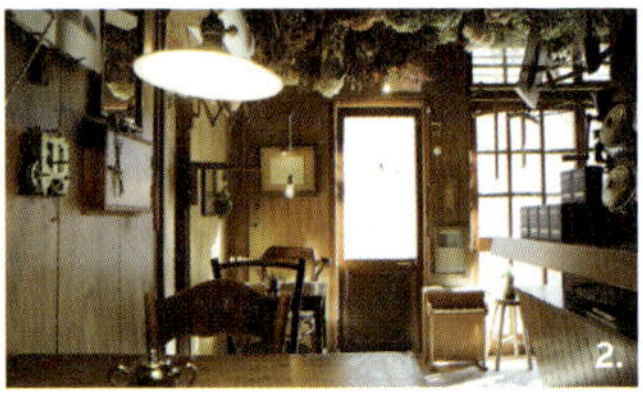

1. 피크닉 바스켓 세트. 2. 일본과 서양의
앤티크 소품들로 꾸며진 공간.

259 와이프 & 허즈번드
WIFE&HUSBAND

가게 이름처럼 다정한 부부가 운영하는 커피숍. 앤티
크 소품으로 꾸며진 공간에서 여유로운 시간을 보낼
수 있을 뿐 아니라 피크닉 용품 대여 서비스도 인기
가 많다. 보온병에 담긴 커피, 머그컵, 작은 간식이 함
께 구성된 피크닉 바스켓ピクニックバスケット(1,400엔)
이 가장 인기. 그 밖에도 스툴 의자, 테이블, 돗자리
등도 마련되어 있으니 취향에 맞는 스타일로 가모가
와 강가 피크닉을 즐겨보자. 커피숍에서 가모가와 강
까지 도보로 금방이다.

기타오지

와이프&허즈번드
☎ 075-201-7324 <예약 우선> ♨ 8석
• 106-6
  Koyamashimouchikawaracho,
  Kita Ward, Kyoto
• 10:00~17:00(L.O. 16:30)
※피크닉은 ~15:00(L.O.)
• 부정기 휴무
• 지하철 기타오지역 5번 출구에서
  도보 4분

1. 준비물 없이 편하게 즐길 수 있는 2인용 피크닉 세트 5,500엔. **2.** 세 가지 색감이 돋보이는 아름다운 그린티 라떼 에스프레소グリーンティーラテエスプレッソ 700엔.

260 츠무기 카페
tsumugi cafe

오사카의 인기 카페 '릴로 커피 로스터즈Lilo Coffee Roasters'와 공동 개발한 블렌드 커피, 1854년(안세원년)에 문을 연 화과자점 '지키리야ちきりや'의 말차를 사용한 그린티 라떼 에스프레소グリーンティーラテエスプレッソ 등 다양한 고급 음료를 즐길 수 있다. 케이크와 음료, 테이블보, 식기 등이 담긴 피크닉 세트ピクニックセット를 들고 나가 피크닉을 즐겨도 좋고 탁 트인 카페에서 느긋하게 시간을 보내도 좋다.

(교토역)

츠무기 카페

☎ 075-352-6400 <예약 불가> ♙ 26석
※피크닉은 완전 예약제
• 684 Higashishiokojicho,
  Shimogyo Ward, Kyoto, 600-8216
• 구글맵에 Tsumugi Cafe Kyoto 검색
• 09:00~19:00(L.O. 18:30) / 연중무휴
• JR 교토역 중앙 출구에서 도보 2분

피크닉

229

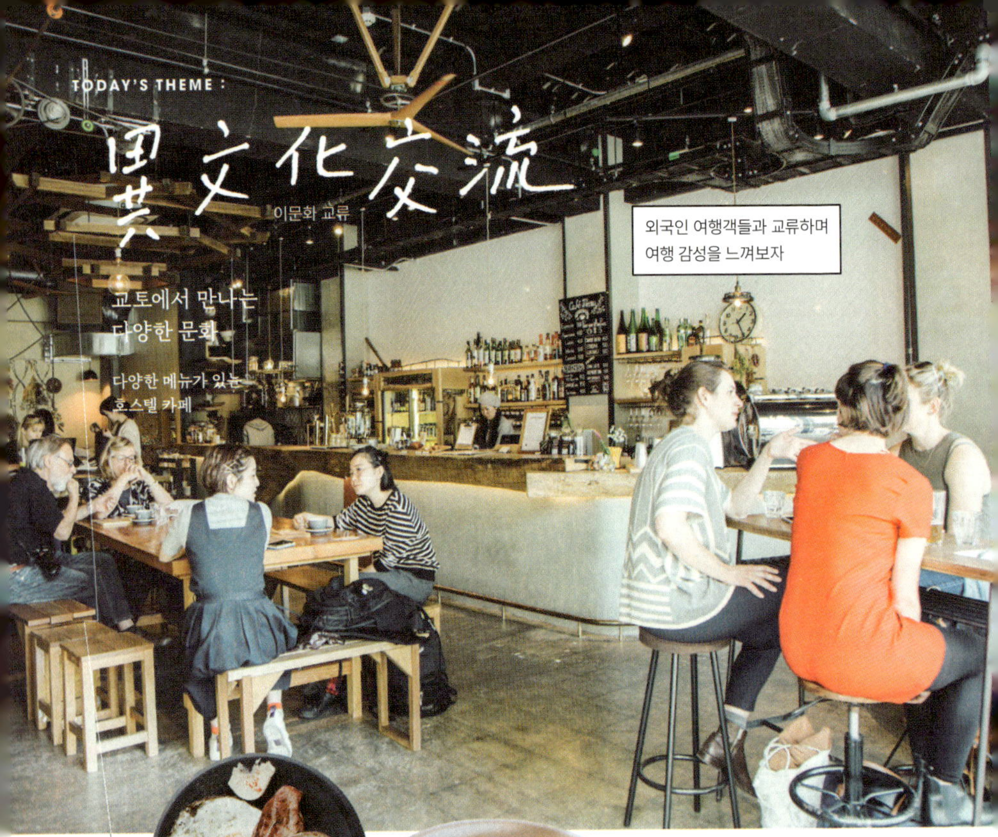

異文化交流

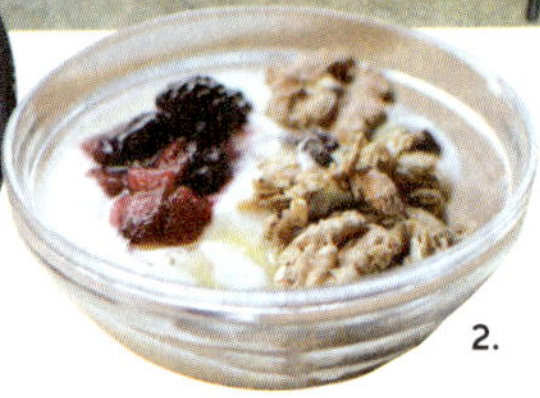

이문화 교류

**교토에서 만나는
다양한 문화**

다양한 메뉴가 있는
호스텔 카페

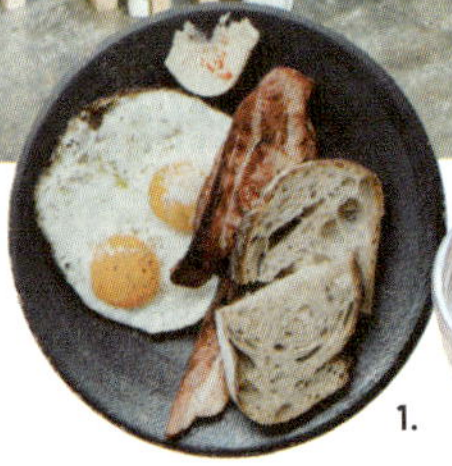

외국인 여행객들과 교류하며
여행 감성을 느껴보자

1. 브런치 세트ブランチセット
(1,500엔)는 세 가지 구성. 사진
은 베이컨, 달걀, 후무스를 올린
클래식 스타일. 2. 수제 그래놀
라自家製グラノーラ(450엔)는 아
침 식사로 추천.

261 렌 교토가와라마치

Len 京都河原町

시조가와라마치에서 멀지 않은 곳에 위치한 세련된
호스텔. 1층은 로비 라운지 겸 카페이며 숙박하지 않
아도 이용할 수 있다. 라이트 로스팅 위주로 직접 로
스팅한 커피와 교토 브루어리를 포함한 세계 각지의
수제 맥주 30여 종(생맥주, 병맥주), 그리고 정성이 담
긴 수제 음식까지 큰 인기다. 자연스럽게 외국인 여행
객이나 현지 사람들과 대화를 나누게 되면서 뜻밖의
즐거운 시간을 보내게 될지도 모른다.

고조

렌 교토가와라마치
- ☎ 075-361-1177 <예약 불가> 🪑 35석
- 709-3 Uematsucho,
  Shimogyo Ward, Kyoto, 600-8028
- 구글맵에 Len Kyoto Kawaramachi 검색
- 카페 08:00~17:00(브런치 ~14:00),
  바 17:00~24:00(디너 18:00~22:30)
- 연중무휴
- 시내버스 가와라마치마쓰바라 정류장 앞

1. 전통식 동정우롱 티 포트傳統式凍頂烏龍ティーポット 1,700
엔(잔カップ 1,100엔). **2.** 튀르키예식 차이티トルコ式チャイ는
무제한 리필(90분) 500엔. **3.** 구움과자는 300엔~. **4.** 간판을
따라 찾아 들어가면 된다.

262 타툴 카페
tatlı kahve

고쇼니시의 한적한 주택가에 자리한 카페. 튀르
키예, 인도, 대만 등 세계 각지에서 즐겨 마시는 차
40~50종류가 마련되어 있다. 차마다 우려지는 방식
에 따라 각각 어울리는 다기를 제공하며, 오너 하야
카와가 차의 역사와 매력을 친절하게 설명해 준다.
수제 구움과자(300엔~)와 열두 가지 향신료를 섞은
치킨카레チキンカレー(1,000엔)도 추천 메뉴. 세계를
여행하는 기분으로 각국의 티를 즐겨보자.

타툴 카페

☎ 075-366-2282 <예약 가능> 🪑 16석
- 323 Kameyacho, Kamigyo Ward,
  Kyoto
- 11:00~20:00(L.O. 19:00)
- 월요일(공휴일이면 다음날) 및
  마지막 주 일요일 휴무
- 시내버스 호리카와시모다치우리
  정류장에서 도보 3분

이문화 교류

ホテル

호텔

미쉐린 셰프가 선보이는 오마카세 디너
コースおまかせディナーコース 19,000엔~.

교토에서 리조트
기분을 느끼다

태국의 풍요로운 자연을
오감으로 즐기는 코스

도심 속에서 여행 기분을
만끽할 수 있는 특별한 공간

263 아야타나
Ayatana-Dusit Thani Kyoto

2023년에 세계유산 니시혼간지 앞 거리에 문을
연 태국의 유서 깊은 호텔 브랜드 '두짓타니 교
토'의 레스토랑. 방콕의 유명 레스토랑 'Bo.lan'
에서 미쉐린 스타를 받은 셰프가 감독하며 지역
유기농 농장에서 들여오는 제철 채소와 엄선한
식재료, 향신료를 듬뿍 넣어 진한 태국 요리를 선
보인다. 태국의 전통미가 어우러진 우아한 공간
과 셰프의 미의식이 깃든 요리로 풍요로운 자연
을 느껴보자.

교토역

아야타나

☎ 075-343-7150(대표) <완전 예약제>
🪑 20석
• Kyoto, Shimogyo Ward,
  Nishinotoincho,
  466 두짓타니 교토 지하 1층
* 구글맵에 Ayatana-Dusit Thani Kyoto 검색
• 17:30~22:00(L.O. 20:00) / 수요일 휴무
• 시내버스 니시노토인쇼멘 정류장 앞

1. 나무로 꾸민 아늑한 공간.
2. 방콕의 포장마차에서 볼 수 있는 캐주얼한 요리가 즐비하다.

264 소이 갱

ソイ・ギャン/Soi Gaeng

'두짓' 브랜드의 라이프 스타일 호텔 'ASAI 교토 시조'에 입점한 메인 다이닝. 방콕의 포장마차를 떠올리게 하는 분위기에서 정통 태국 카레와 현지 요리를 합리적인 가격에 선보인다. 요리는 물론 태국 맥주와 교토 수제 맥주, 유기농 와인과 함께 사진 찍기 좋은 무알코올 음료도 판매한다. 활기찬 태국 문화를 마음껏 즐기다 보면 몸속 깊은 곳부터 기운이 넘치는 기분이다.

시조카라스마

소이 갱

☎ 075-371-1808 <예약 가능>

👥 38석

• Kyoto, Shimogyo Ward, Shunzeicho, 444
• 07:00~23:00(L.O. 22:00)
• 연중무휴
• 지하철 고조역 1번 출구에서 도보 4분

호텔

川
강

교토 사람들은
강을 좋아해

크고 작은 강들이 흐르는
교토만의 특별한 풍경

1. 진한 피스타치오와 딸기
가 듬뿍 들어간 스트로베리
젤라토 두 가지 맛ストロベ
リージェラート2種盛 660엔.
2. 웨하스와 구움과자도 판
매. **3.** 강가 테라스를 이용
하기 가장 좋은 시간은 저녁
무렵.

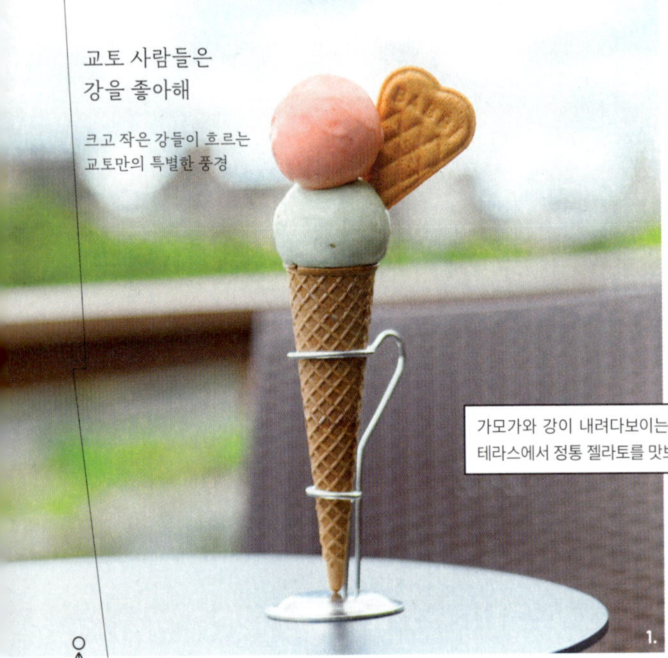

가모가와 강이 내려다보이는 강가
테라스에서 정통 젤라토를 맛보자

265 바비 젤라테리아 교토
BABBI GELATERIA KYOTO

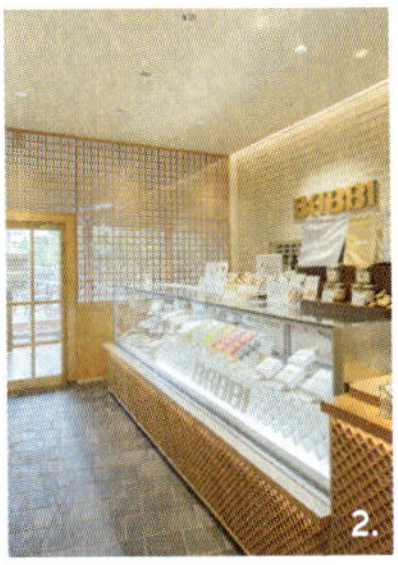

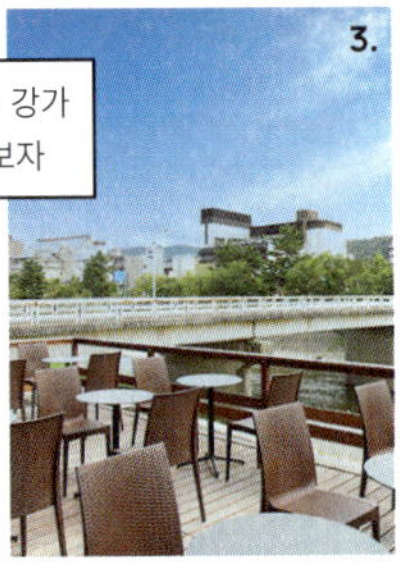

이탈리아 웨하스 브랜드가 운영하는 카페. 창밖
으로 가모가와 강이 보이는 교토 감성 가득한 풍
경이 펼쳐지며, 5~9월에는 강가 테라스석을 즐
길 수 있다. 갓 만든 젤라토는 인기 있는 피스타
치오 맛을 비롯해 흑임자와 말차 등이 있으며 항
상 열여덟 가지 맛을 판매한다. 이탈리아에서 직
수입한 커다란 웨하스 '그랑 와페리니グランワッフ
ェリーニ'(378엔)는 바닐라, 피스타치오 등 여덟 가
지 맛이 있고 식감도 좋다.

기야마치

바비 젤라테리아 교토

☎ 075-585-5200 <예약 불가> 🪑 48석
- 134 Saitocho, Shimogyo Ward, Kyoto
- 12:00~20:30(L.O. 20:00),
  금·토요일 및 공휴일 전날 ~21:30
  (L.O. 21:00) (계절에 따라 변경될 수 있음)
  부정기 휴무
- 한큐 교토가와라마치역 1번 출구에서
  도보 3분

2.

1. 키슈와 샐러드 세트キッシュのサラダ添え 1,300엔, 감자튀김 세트フライドポテトセット +400엔. 2. 브런치ブランチ(1,600엔)는 빵 두 가지와 베이컨 또는 연어 등으로 구성(음료 포함). 3. 탁 트여 개방감이 느껴지는 공간.

266 카와 카페
KAWA CAFE

니시기야마치도리 거리에 자리한 마치야를 현대적으로 개조했다. 여름철에는 가모가와 강의 절경이 보이는 강가 테라스를 이용할 수 있다. 아침 식사부터 저녁의 바까지 쉬지 않고 영업해 언제든 찾기 좋으며 각 시간대에 알맞은 메뉴가 준비되어 있다. 브런치 세트, 런치와 카페 타임의 디저트, 디너의 코스 요리와 술을 풍성하게 즐길 수 있다. 2층에는 갤러리도 운영한다.

기야마치

카와 카페

☎ 075-341-0115 <예약 가능>

🪑 80석

• 176-1 Minoyacho, Shimogyo Ward, Kyoto
• 10:00~23:30 ※변경될 수 있음.
• 사전 확인 필수 / 연중무휴
• 한큐 교토가와라마치역 4번 출구에서 도보 8분

강

四季 ^{사계}

**봄 여름 가을 겨울,
교토 디저트**

사계절의 정취가 담긴
맛을 찾아서

봄

벚꽃 야경

흑설탕 양갱으로 밤을 표현
해 조명을 받은 벚꽃을 나타
냈다. 한 상자에 4,320엔.

여름

생과일 빙수

사진은 딸기 과육을 듬뿍
넣은 생과일 딸기生搾り苺
1,200엔. 연유를 뿌리면 더
맛있다.

267

교가시쓰카사 스에토미

京菓子司 末富/Suetomi Main Branch

유명 신사와 사찰, 다도 가문에 납품도 하
는 화과자 전문점. 눈으로도 즐길 수 있
는 계절 한정 생과자를 비롯해 건과자와
센베 등 선물용 상품이 인기가 많다. 대표
상품은 파스텔 색감이 소녀 감성을 자극
하는 후야키 센베 교후센麩焼きせんべい・
京ふうせん(25개들이, 1,290엔).

고조

**교가시쓰카사
스에토미**

☎ 075-351-0808 <예약 가능> 📅 없음
• 295 Tamatsushimacho,
 Shimogyo Ward, Kyoto
• 09:00~17:00 / 일요일 및 공휴일 휴무
• 지하철 고조역 2번 출구에서 도보 4분

268

PAGE ONE

祇園下河原/page one

유서 깊은 빙수 가게가 기획한 카페 겸 다
이닝 바. 간판 메뉴는 빙수이며 그릇까지
얼음으로 만들어 특별하다. 입에서 부드
럽게 녹는 맛에 한 번 먹으면 중독된다. 그
중에서도 수제 시럽으로 만든 생과일 시
리즈는 신선한 과일의 풍미가 훌륭하다.

기온

PAGE ONE

(바 운영 시간만) (바 운영 시간만 흡연 가능)
☎ 075-551-2882 <예약 불가> 📅 30석
• 435-4 Kamibentencho,
 Higashiyama Ward, Kyoto
• 13:00~24:00(18:00부터 바 운영. 요금 300엔)
• 수요일 휴무 • 시내버스 히가시야마야스이
 정류장에서 도보 2분

가을

포도와 밤을 품은
가을 빛깔 몽블랑

향긋한 적포도 시럽에 럼주의
향이 어우러진 진한 몽블랑 モ
ンブラン 1,540엔.

겨울

건강과 장수를 기원하는
후로센

말차와 팥죽은 뜨거운 물을 부으
면 숨겨져 있던 새 모양 쌀과자가
나타난다. 총 3종류, 1개 314엔.

269

마르블랑슈 기타야마 본점

マールブランシュ 京都北山本店

진한 말차 랑그드샤 '차노카茶の菓'로 유
명한 인기 제과점. 본점에 딸린 살롱에서
는 갓 만든 한정 디저트와 케이크 등을 맛
볼 수 있다. 계절마다 다른 맛을 선사하는
시그니처 몽블랑은 여름에는 빙수로 변신
한다.

270

니조와카사야

二條若狭屋

교토의 신사와 사찰, 다도 가문에 꾸준히
납품하고 있는 107년 역사를 지닌 명가.
초대 창업자가 고안한 '후로센不老泉'은 일
년내내 사랑받는 인기 메뉴로 특히 겨울
에는 진득한 식감으로 더욱 사랑받는다.
눈, 달, 꽃이 그려진 우아한 패키지는 선물
용으로도 안성맞춤이다.

마르블랑슈
기타야마 본점

☎ 075-722-3399 <예약 불가 ※포장은 가능> 🪑 16석
• 40 Kamigamo Iwagakakiuchicho,
  Kita Ward, Kyoto
• 10:00~17:00(L.O.), 상품 판매는 09:00~17:30
• 연중무휴 / 지하철 기타야마역 4번 출구 앞

니조와카사야

☎ 075-231-0616 <예약 불가> 🪑 없음
• Kyoto, Nakagyo Ward, Nishidaikokucho, 333-2
• 08:00~17:00 / 수요일 휴무
• 지하철 니조조마에역 2번 출구에서 도보 3분

마지막까지 놓치지 말자

교토역 맛집 조사!

조사 목적	교토의 관문인 교토역은 알고 보면 숨은 맛집의 천국. 교토역 안에 있는 상업 시설을 비롯해 다양한 기념품과 교토를 대표하는 맛집이 한자리에 모여 있어서 편리하다. 선물을 깜빡했을 때도 이곳에서 해결하자.

역 안에 있는 맛집 스폿은 여기!

＼ 다양한 고급 아이템이 한곳에 ／

Ⓐ JR 교토 이세탄
ジェイアール京都伊勢丹

기념품 쇼핑하기에도, 잠깐 쉬기에도 좋은 만능 공간. 본관 남쪽(JR 서쪽 개찰구 앞)에는 음식점이 모여 있는 잇 파라다이스Eat Paradise도 있다.

JR 교토 이세탄
☎ 075-352-1111(대표)

- 10:00~20:00(레스토랑 7~10층 11:00~23:00, 11층 11:00~22:00) / 부정기 휴무

＼ 규모도 매장 수도 압도적! ／

Ⓑ 교토 포르타
京都ポルタ

교토역과 연결되어 있으며 유명 맛집부터 최신 인기 매장까지 모여 있는 쇼핑몰. 의류부터 음식점까지 다양한 매장이 있다.

교토 포르타
☎ 075-365-7528

- 레스토랑 11:00~22:00(모닝 07:00~), 쇼핑 서비스
- 푸드, 디저트 10:00~20:30 / 부정기 휴무

＼ 이곳에서만 만날 수 있는 셀렉션 ／

Ⓒ 미야코미치
みやこみち

교토산 식재료, 식품을 구매할 수 있는 식품 전문관 하베스ハーベス와 교토의 특산품, 기념품을 판매하는 하베스 교메이칸ハーベス京銘館이 인기다. 마르블랑슈나 오타베 등 교토를 대표하는 명과와 잡화가 가득하다.

미야코미치
☎ 075-691-8384

- 레스토랑 11:00~22:00, 가벼운 식사·카페
- 09:00~20:00(매장에 따라 이른 아침, 심야 영업),
- 상품 판매·서비스 09:00~20:00
  (일부 점포는 20:00 이후도 영업) / 연중무휴

＼ 출발 직전에도 이용하기 편리한 ／

Ⓓ 아스티 교토
アスティ京都/ASTY Kyoto

신칸센 하치조 출구 개찰구에서 바로 연결되는 아스티 로드(오모테나시코미치 포함), 아스티 스퀘어, 신칸센 개찰구 내부 총 세 구역으로 구성되어 있다.

아스티 교토
☎ 075-662-0741(평일 09:00~17:00)

- 05:30~23:30(매장에 따라 다름) / 연중무휴

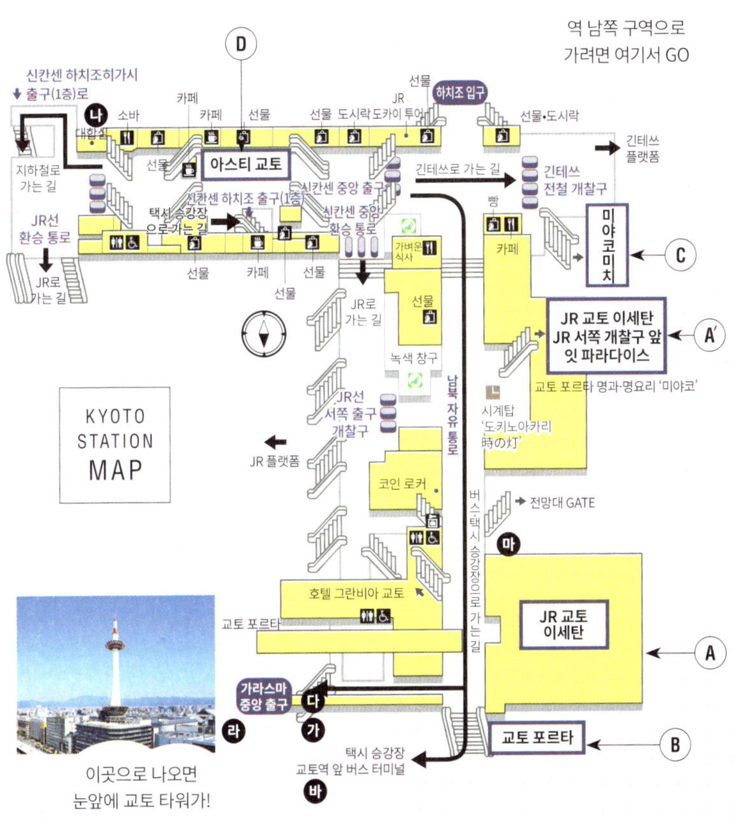

이곳으로 나오면
눈앞에 교토 타워가!

편리한 서비스를 이용하자!

가 교토역 빌딩 인포메이션

京都駅ビル インフォメーション

교토역 빌딩 내부 시설과 교통 정보에 대한 안내를 받을 수 있다.

• 10:00~19:00 / 연중무휴

나 신칸센 교토역 하치조 출구 물품 일시 보관&배송 서비스

新幹線京都駅八条口一時預かり
・デリバリーサービス

신칸센을 타고 교토에 도착한 여행객의 짐을 숙소까지 배송해 주는 서비스를 제공한다.

☎ 075-662-8255

• 09:00~20:00 / 배송 1개 1,000엔

• 연중무휴

다 JR 교토역 철도안내소

JR京都駅鉄道案内所

철도 이용에 필요한 종합 안내와 환승, 연결 정보를 안내한다.

• 08:00~20:00 / 연중무휴

라 JR 교토역 Crosta 교토 배송 서비스

JR京都駅Crosta
京都キャリーサービス

숙소나 집으로 짐을 배송해 주는 서비스. 두 손 가볍게 움직이고 싶을 때 추천.

☎ 075-352-5437

• 08:00~20:00

• 배송 서비스 1개 1,500엔

• 연중무휴

마 교토 종합 관광 안내소 '교나비'

京都総合観光案内所「京なび」

교토 시내는 물론 교토 지역 전체의 관광 정보를 제공한다.

☎ 075-343-0548

• 08:30~19:00 / 연중무휴

바 교토역 앞 시내버스·지하철 안내소

京都駅前 市バス・地下鉄案内所

주요 관광지로 가는 시내버스와 지하철 노선을 안내한다.

☎ 0570-666-846(유료 전화 서비스)

• 07:30~19:30 / 연중무휴

마지막까지 놓치지 말자

'유명한 가게의 맛'을
간편하게 맛볼 수 있는 장소 발견!!

조사 목적	시간이 없어서 유명 맛집을 가지 못한 사람들을 위한 희소식! 교토역에는 교토를 대표하는 명가의 맛을 즐길 수 있는 가게가 많다. 여행 일정이 빡빡해도 열차를 타기 전에 편하게 맛볼 수 있으니 안심하시길. 인기 맛집은 예약하기를 추천한다.

마지막에 후딱 SPOT ⇒ 1

'하시타테はしたて'의
하시타테 세트

2,112엔 ➡ Ⓐ

하시타테
☎ 075-343-4440
11:00~21:00(L.O.) / 부정기 휴무
※17시 이후 예약 가능(성수기 제외)

교토의 유명 고급 음식점 '와쿠덴和久傳'에서 운영하는 인기 맛집으로 누구나 부담 없이 정통의 맛을 즐길 수 있다. '하시타테 세트はしたてセット'에 포함된 도미 참깨 된장 덮밥鯛の胡麻味噌丼은 신선한 도미회를 참깨된 장소스로 버무린 별미. 처음에는 밥과 도미회를 그대로 맛보고 그다음에는 육수를 부어 먹어 맛의 변화를 즐길 수 있는 점도 매력이다. 제철 식재료로 만든 절임과 된장국, 인기 메뉴인 연근 화과자 '사이코西湖'가 포함된 구성이다.

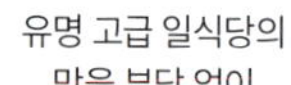

고급 일본 요리
╲ 전문점의 포장 요리 ╱

**무라사키노 와쿠덴
사카이마치점**
紫野和久傳 堺町店

교토 교탄고 지역의 료칸 레스토랑에서 시작된 고급 포장 요리 전문점. 2층에는 다실이 있어서 계절 생과자와 간편한 식사를 즐길 수 있다.

무라사키노 와쿠덴 사카이마치점
☎ 075-223-3600

'마츠바 교토역점 松葉 京都駅店'의
청어(니신) 소바

교토의 명물 청어
소바 원조집

1,870엔 ➡ Ⓓ

마츠바 교토역점
☎ 075-693-5595
• 10:00~20:30(L.O.) / 연중무휴

교토에서 오랜 세월 사랑받고 있는 청어
(니신) 소바にしんそば의 명가로 150년
넘게 전통의 맛을 이어오고 있다. 담백한
국물과 달콤하고 짭조름하게 조린 청어
의 깊은 맛이 환상의 조화를 이룬다. 한
번 맛보면 계속 생각나는 맛이다.

\\ 본점은 이곳! //

소혼케니신소바 마츠바 본점
総本家にしんそば 松葉本店

1861년(분큐 원년)에 문을 연 뒤 기온 미나미자
극장 옆에서 영업을 이어오고 있는 유서 깊은 소
바 전문점. 식사는 물론 청어 조림, 니신보니煉
棒煮 등 선물용 음식도 판매한다.
소혼케니신소바 마츠바 본점
☎ 075-561-1451

향신료를 무제한
추가할 수 있는
교토 카레

'하라료카쿠 하치조구치점
原了郭 八条口店'의
다진 고기 카레

1,430엔 ➡ Ⓓ

하라료카쿠 하치조구치점
☎ 075-661-9673
• 11:00~21:00(L.O. 20:30) / 연중무휴

자체 블렌드한 카레 파우더 '스파이시'
와 '마일드'가 재료 본연의 맛을 최대한
끌어올리며 알싸한 매운맛이 특징인 다
진 고기 카레키마카레. 대표 메뉴인
바삭바삭한 튀김도 포함된 구성이다.

\\ 본점은 이곳! //

하라료카쿠 본점
原了郭 本店

1703년(겐로쿠 16년)에 문을 연 유서 깊은 향신
료 맛집. 흰깨, 산초, 고추를 배합한 '구로시치미
黒七味'는 풍부한 향과 깊은 맛을 자랑한다.

하라료카쿠 본점
☎ 075-561-2732

AND MORE

• 모리타야モリタ屋 ➡ Ⓐ
• 그릴 캐피탈 도요테 포르타점グリルキャピタル東洋亭 ポルタ店 ➡ Ⓑ
• 이노다 커피 교토 포르타점イノダコーヒポルタ支店 ➡ Ⓑ
• 하마무라ハマムラ ➡ Ⓒ

이노다 커피 포르
타 지점イノダコー
ヒ ポルタ支店의
케이크 680엔~.

마지막까지 놓치지 말자 ⇒⇒

만족도 보장! 센스 가득한
'인기 선물'을 GET

조사 목적	밥도둑 반찬부터 달콤한 화과자까지, 교토의 인기 선물이 한자리에 모인 교토역. 여러 명에게 돌리기 좋은 낱개 포장 선물부터 소중한 사람에게 주고 싶은 세련된 포장 선물까지 다양하고 알찬 구성이 가득하다. 센스는 한 끗 차이, 남들과 다른 특별한 선물을 준비하자.

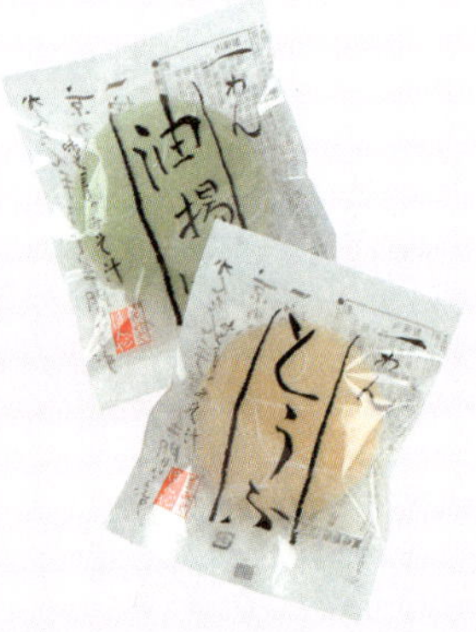

마지막에 후딱 SPOT ⇒1

'다이야스大安'의
작은 다이야스

각 162~195엔 ➡ Ⓐ Ⓑ Ⓒ Ⓓ
※Ⓓ에서는 3개들이만 판매

다이야스

화제의 귀여운 컵 포장 절임 요리. 한 번에 먹기 좋은 알맞은 양으로 포장되어 있어 다양한 맛을 조금씩 맛볼 수 있다. 야식으로도 도시락으로도 좋고, 자취하는 학생에게도 인기다.

마지막에 후딱 SPOT ⇒2

'혼다미소 본점本田味噌本店'의
소포장 된장

3개입 648엔~ ➡ Ⓐ Ⓓ

혼다미소 본점

190년 전통의 된장 전문점의 깊은 맛을 집에서도 맛볼 수 있는 인기 상품. 동그란 글루텐 볼 안에 동결건조한 된장과 건더기가 알차게 들어 있다. 뜨거운 물만 부으면 완성되는 간편한 점이 인기 비결. 남녀노소 누구나 좋아한다.

'카메야 요시나가亀屋良長'의 선물 파우치

1파우치 / 12개들이 864엔　➡ Ⓐ Ⓒ

카메야 요시나가

텍스타일 브랜드 'SOU·SOU'의 이세 목화 파우치 속에 220년 전통의 교토 화과자 '교가 시쓰카사'의 건과자를 담았다. 입에서 사르르 녹는 고급 와산본 설탕으로 만든 화과자도 귀여운 매력이 만점이다.

'시즈야빵SIZUYAPAN'의 OGURA

340엔　➡ Ⓓ

시즈야빵

☎ 075-692-2452
• SIZUYAPAN

인기 베이커리 '시즈야志津屋'가 운영하는 팥빵 전문점. 팥빵은 다양한 맛이 있으며 각각 다른 포장 디자인까지 세련됐다. 교토산 식재료와 화과자가 조화를 이룬 제품을 늘 열 가지 이상 판매한다.

'니키니키 아 라 가르 nikiniki á la gare'의 카레 드 카넬

1상자(10세트 분량) 1,188엔　➡ Ⓓ

니키니키 아 라 가르

☎ 075-662-8284
• nikiniki á la gare

'쇼고인 야츠하시 소혼텐 본점聖護院八ッ橋総本店'이 운영하는 새로운 브랜드. 교토를 대표하는 화과자인 쫀득한 야츠하시八ッ橋에 팥소나 과일 절임을 자유롭게 조합해 나만의 맛을 즐길 수 있다. 팥소나 과일 절임이 계절마다 달라지는 점도 매력적이다.

'츠루야요시노부 IRODORI 鶴屋吉信 IRODORI'의 호박 사탕(고하쿠토琥珀糖)

1,620엔(10개들이)　➡ Ⓓ

츠루야요시노부 IRODORI

☎ 075-574-7627
• 鶴屋吉信 IRODORI

노포 화과자 전문점 츠루야요시노부의 세컨드 브랜드에서 만든 파스텔 빛깔과 감각적인 비주얼이 돋보이는 고급스러운 호박 사탕. 라벤더와 민트 등 허브 맛과 바삭한 식감에 감탄이 나온다.

마지막까지 놓치지 말자

JR 교토 이세탄백화점의
'지하 식품관' 수준이 엄청나다!

조사 목적	기념품과 선물이 즐비한 교토역 빌딩 내부에서도 특히 수준 높은 곳이 JR 교토 이세탄. 교토에서 사랑받는 화과자 명가부터 주목받는 신생 브랜드까지, 다양한 화제의 브랜드들이 한자리에 모였다. 쇼핑은 물론 음식을 먹을 수 있는 공간도 있으니 반드시 확인할 것!

JR 교토 이세탄

교토역 빌딩 내부에 있으며 교토역과 바로 이어져 있는 백화점. 지하 2층부터 지상 11층까지 있고, 화과자와 양과자, 노포의 명품 등은 지하 1층에 모여 있다. 또한 교토의 인기 고급 일식점 도시락은 지하 2층에서 판매하고 있어 돌아가는 길에 여행을 마무리하며 천천히 음미하기에 제격이다.

JR 교토 이세탄 ☎ 075-352-1111(대표)　　DATA ➡ Ⓐ

'와구리 전문 사오리_{和栗専門 紗織}'의 실 처럼 가느다란 몽블랑 '샤_紗'

| 3,080엔 | 지하 1층 |

와구리 전문 사오리
☎ 075-352-1111(대표)
• 10:00~20:00(L.O. 19:00)

짙은 풍미와 고급스러운 단맛이 특징인 교토 단바산 밤으로 만든다. 설탕의 단맛을 줄이고 1mm 굵기로 섬세하게 짜낸 몽블랑은 비주얼뿐 아니라 입에서 부드럽게 녹는 맛도 훌륭하다.

'우추 와가시_{UCHU wagashi}'의 과일 양갱

| 1,880엔 | 지하 1층 |

우추 와가시
☎ 075-352-1111(대표)
• 10:00~20:00

독창적인 화과자를 선보이는 우추 와가시. 하얀 양갱에 알록달록한 과일 젤리를 넣은 과일 양갱은 상큼한 과일 향이 잘 어우러져 맛있다.

'우메조노 오야쓰_{梅園 oyatsu}'의 미타라시 버터 샌드

| 5개들이 1,350엔 | 지하 1층 |

우메조노 오야쓰
☎ 075-352-1111(대표)
• 10:00~20:00

1927년(쇼와 2년)에 문을 연 전통 디저트 전문점 '우메조노_{甘党茶屋 梅園}'가 선보이는 새로운 대표 상품. 미타라시 당고 모양이 새겨진 버터 샌드는 미타라시 소스와 고급 사케의 향이 은은하게 퍼지는 버터크림이 매력적이다.

'오이마쓰_{老松}'의 말차 고쇼구루마_{抹茶御所車}

| 6개들이 1,048엔 | 지하 1층 |

오이마쓰
☎ 075-352-1111(대표)
• 10:00~20:00

교토에서도 가장 오래된 하나미치인 가미시치켄에서 메이지 시대에 문을 연 교토 화과자 전문점. 라쿠간(곡물가루와 설탕을 섞어 만든 건과자) 속에 통팥소를 넣고 귀인이 타던 수레를 뜻하는 '고쇼구루마_{御所車}' 모양의 나무 틀에 찍어낸 후 말차를 더한 대표 화과자.

마지막까지 놓치지 말자

교토 요리를 부담 없이 즐길 수 있는 '인기 도시락'

<table>
<tr><td>조사
목적</td><td>JR 교토 이세탄 지하는 유명 맛집 도시락의 천국! 유서 깊은 명가의 맛을 부담 없이 테이크아웃으로 즐길 수 있어 돌아가는 길에 열차에서 먹기도 좋고, 선물용으로 가져가기도 좋다. 교토산 식재료와 제철의 맛을 담은 최고의 도시락을 GET하자.
※계절 또는 기타 사정에 따라 요리 구성이나 가격이 변경될 수 있습니다.</td></tr>
</table>

명가의 기술과 맛을
한 상자에 모두 담다

마지막에 후딱 SPOT ≡⌣1

'하리세はり清'의
복을 부르는 한상차림

에도 시대 초기에 문을 연 교토 요리 전문점. 14대째 오너가 정성 가득 만든 '깃쇼라이후쿠고젠吉祥来福御膳'은 구이 요리, 조림, 튀김, 초밥 등 다양한 요리를 한 상자에 담은 고급스러운 도시락이다. 모든 음식에 노포의 정성이 깃들어 있으며 보기만 해도 계절의 아름다움을 느낄 수 있다.
※계절에 따라 내용이 변경될 수 있음.

3,996엔 ➡ Ⓐ

하리세
☎ 075-352-1111
(JR 교토 이세탄 대표 번호)

'미노키치美濃吉'의
기온祇園

3,564엔 ➡ Ⓐ

미노키치

☎ 075-352-1111(JR 교토 이세탄 대표 번호)

난젠지 근처 지역인 아와타구치에 본점을 둔 300년 넘은 노포. 세심하게 고른 제철 재료를 사용해 장인의 솜씨로 아름답게 완성한 도시락이다.

계절마다 다채로운
색깔을 담아내는
도시락

담백하면서도 깊은 맛을
내 꾸준히 사랑받는
인기 도시락

'히사고즈시ひさご寿し'의
기온祇園

2,312엔 ➡ Ⓐ

히사고즈시

☎ 075-352-1111(JR 교토 이세탄 대표 번호)

시조가와라마치에 본점을 둔 초밥 전문점으로 초대부터 이어져 온 지라시즈시(초양념한 밥에 다양한 재료를 흩뿌려 얹은 초밥)가 유명하다. 구운 붕장어와 잘게 다진 새우가 듬뿍 들어간 지라시즈시와 누름 초밥인 하코즈시 네 조각을 담은 풍성한 한 끼.

'시모가모 사료下鴨茶寮'의
집에서 즐기는 고급 요리 사이사이

2,160엔 ➡ Ⓐ

시모가모 사료

☎ 075-352-1111(JR 교토 이세탄 대표 번호)

시모가모 신사 근처에 자리 잡은 유서 깊은 고급 일식점. '사이사이彩々'는 담백한 달걀말이, 훈제 오리, 삼치구이 등 다양한 요리를 알차게 담은 도시락이다.

잔멸치를 얹은
밥과 함께 맛보자

마지막까지 놓치지 말자 ⇁⊃ ⇁⊃

개찰구 바로 앞에서!
'최고의 말차 디저트'

조사 목적	교토에 오면 꼭 먹어야 할 진한 말차 디저트. 관광지뿐만 아니라 교토역에도 수준 높은 말차 디저트가 가득하다. 개찰구 바로 앞, JR 교토 이세탄 JR 서쪽 출구 개찰구 앞 잇 파라다이스로 GO!

생 말차 젤리를 넣은
알찬 파르페

마지막에 후딱 SPOT ⇁⊃ 1

'나카무라 토키치 혼텐 교토역점中村藤吉本店京都駅店'의 마루토파르페(말차)
まることパフェ(抹茶)

1,601엔　　　　　　➡ Ⓐ

나카무라 토키치 혼텐 교토역
☎ 075-352-1111(JR 교토 이세탄 대표 번호)
• 11:00~21:00(L.O.) / 부정기 휴무

가장 인기 있는 '마루토파르페まるとパフェ'는 이곳의 간판 생 말차 젤리를 비롯해 말차 아이스크림, 경단, 시폰케이크 등 다양한 재료가 가득 담겨 있다. 말차 고유의 진한 맛을 담은 생 말차 젤리는 쫀득하면서도 부드러운 식감이 매력적이다. 생 말차 젤리生茶ゼリイ는 포장도 가능.

\\ 본점은 여기! //

1854년(안세이 원년)에 문을 연 유서 깊은 차 도매상이 운영하는 카페. 우지를 대표하는 인기 카페로 오픈 전부터 줄을 설 때가 많다.

나카무라 토키치 혼텐中村藤吉本店
☎ 0774-22-7800

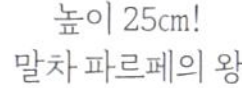

'파티세리&카페 델리모 교토 パティスリー & カフェ デリーモ 京都'의 흑 말차 쇼콜라 黒抹茶ショコラ

1,620엔　　　　　　　　　　➡ Ⓐ

PÂTISSERIE&CAFÉ DEL'IMMO Kyoto Shop
☎ 075-746-5300
- 10:00~21:00(L.O.),
- 토·일요일 및 공휴일은 08:00~22:00(L.O. 21:00) / 부정기 휴무

쌉싸름한 우지 말차 아이스크림과 검은 말차 크림, 검은콩 가루 아이스크림이 아름다운 층을 이룬다. 흑당 젤리와 경단의 식감 등 일본과 서양의 맛이 어우러진 교토 한정 파르페.

'사료 츠지리 茶寮都路里'의 특선 츠지리 파르페

1,760엔　　　　　　　　　　➡ Ⓐ

사료 츠지리
☎ 075-352-1111(JR 교토 이세탄 대표 번호)
- 10:00~19:30(L.O.) / 부정기 휴무

말차 카스테라, 말차 젤리 등 열한 가지 재료를 듬뿍 넣은 '특선 츠지리 파르페特選都路里パフェ'는 꼭 먹어야 할 대표 메뉴. (사료 츠지리는 JR 교토 이세탄 6층에 있다)

높이 25cm!
말차 파르페의 왕

\\　본점은 여기!　//

사료 츠지리 기온 본점
茶寮都路里 祇園本店

연일 문전성시를 이루는 우지차의 명가 기온 츠지리祇園辻利의 찻집. 향이 풍부하고 품질이 뛰어난 말차로 만든 오리지널 디저트가 다양하다.

사료 츠지리 기온 본점
☎ 075-561-2257

AND MORE

- 호센宝泉 京都駅店 ➡ Ⓓ
- 츠루야요시노부 IRODORI鶴屋吉信 IRODORI ➡ Ⓓ
- 사료 FUKUCHA茶寮FUKUCHA ➡ P.251
- 립톤 티하우스 포르타점サー・トーマス・リプトン ポルタ店 ➡ Ⓑ

호센의 단바다이나곤(교토 단바 지역에서 생산한 최고급 팥) 팥죽丹波大納言ぜんざい 1,250엔

마지막까지 놓치지 말자

화제의 상품이 한가득!
'교토 포르타'에서 최신 인기 맛집을 즐기다

조사 목적	관광객과 지역 주민 모두 편리하게 이용할 수 있는 '교토 포르타'. 오래된 인기 맛집부터 교토에서 태어난 신생 브랜드까지 다양한 미식이 모두 모여 있다. 주목할 만한 최신 인기 맛집을 체크하자!

지하 상점가 입구

1층 선물 상점가

교토 포르타 京都ポルタ

☎ 075-365-7528

• Kyoto, Shimogyo Ward, Higashishiokojicho, 901 2층
• JR 교토역 서쪽 명과·명요리 '미야코'
• 08:30~21:00(프레스 버터 샌드 07:30~, 선물 상점가 '미야코' 07:30~22:00)
• 부정기 휴무

교토역 빌딩 남북 자유 통로를 비롯해 여러 곳에 위치해 있는 교토 포르타. 특히 JR 교토역 서쪽 출구(2층) 바로 앞에 있는 매장은 급할 때 이용하기 딱 좋은 곳이다. 일본식과 서양식을 아우르는 디저트는 물론 절임 요리와 지역 사케, 갓 만든 도시락도 판매한다.

'프레스 버터 샌드 PRESS BUTTER SAND' 의 버터 샌드 '우지 말차' バターサンド<宇治抹茶>

5개들이 1,296엔

프레스 버터 샌드
☎ 0120-319-235
• 07:30~21:00 / 부정기 휴무

엄선한 재료를 '하사미야키(쿠키 사이에 크림을 넣어 굽는 방식)' 방식으로 구운 버터 샌드. 말차를 섞어 구운 바삭바삭한 쿠키에 우지 말차로 만든 말차 버터크림과 버터 캐러멜을 발랐다.

'도미야 京の酒処 富屋'의 조요 준마이다 이긴조 야마다니시키 40

城陽 純米大吟醸酒 山田錦 40 **720mℓ**

1병 2,420엔

교노사케도코로 도미야
☎ 075-365-8725
• 08:30~21:00

'교토 스타일 반주'가 콘셉트이며, 풍부한 연수로 술을 빚는 양조장 '조요城陽'. 조요의 사케 중 야마다니시키(사케를 만들 때 사용하는 주조용 쌀)를 40%까지 정미한 준마이다이긴조를 추천한다. 과일을 연상시키는 향과 담백하고 깔끔한 맛이 특징이다.

'고보니시리 미야코점 酵房西利 京店'의 유산균 발효 단 누룩 AMACO(뉴산 핫코 아마코지) 乳酸発酵甘麹 AMACO

3개들이 496엔, 5개들이 745엔

고보니시리 미야코점
☎ 075-344-0008
• 08:30~21:00 / 부정기 휴무

'교토 절임 요리 니시리 京つけもの 西利'의 새로운 도전. 사이쿄즈케(단맛이 나는 흰 된장인 교토의 사이쿄미소에 생선을 재운 절임 요리)나 도시락 등 발효 식품의 지혜가 담긴 정성스러운 먹거리를 판매한다. 라브레 유산균을 발효시킨 단 누룩은 그대로 먹어도 맛있고 요리에 활용해도 좋다.

'사료 FUKUCHA 茶寮 FUKUCHA'의 티 페어링 세트 ティーペアリングセット

각 1,650엔

사료 후쿠차
☎ 075-744-0552
• 08:30~20:00 / 부정기 휴무

우지차의 명가 '교토 후쿠주엔 京都福寿園'이 기획. (사진 앞) 허브 티 페어링 ハーバルティーペアリング, (사진 뒤) 트래디셔널 티 페어링 トラディショナルティーペアリング 세트 각 1,650엔. 네 가지 차와 디저트의 조화를 즐길 수 있다.

일러스트: **CHALKBOY**

교토에서 뭐 먹을까?

1판 1쇄 | 2025년 12월 30일
지 은 이 | 아사히 신문 출판
옮 긴 이 | 문지원
발 행 인 | 김인태
발 행 처 | 삼호미디어
등   록 | 1993년 10월 12일 제21-494호
주   소 | 서울특별시 서초구 강남대로 545-21 거림빌딩 4층
　　　　　www.samhomedia.com
전   화 | (02)544-9456(영업부) (02)544-9457(편집기획부)
팩   스 | (02)512-3593

ISBN 978-89-7849-725-1 (13590)

Copyright 2025 by SAMHO MEDIA PUBLISHING CO.